21 世纪智能化网络化电工电子实验系列教材

模拟电子技术实验指导书

（电类专业适用）

主　编　任国燕

主　审　刘永刚

中国水利水电出版社
www.waterpub.com.cn

内 容 提 要

本实验教材根据"模拟电子技术"课程教学的基本要求，基于智能网络化电工电子实验平台，实验数据和实验波形全部通过数字式仪器仪表进行采集，保证学生实验数据的真实性，实验报告全部在网上提供的特点编写的电类各专业的实验教学用书，能满足普通工科院校电类专业学生的需要。

本书主要内容包括：低频单管放大电路、射极跟随器、场效应管放大器、差动放大器、负反馈放大电路、集成运算放大器的基本应用、RC/LC 正弦波振荡器、低频功率放大器、集成功率放大器、直流稳压电源、晶闸管可控整流电路、用运算放大器组成万用电表的设计与调试、函数发生器的设计与实现、有源滤波器的设计、音响放大器的设计、直流稳压电源的设计共 18 个实验；根据要求又将验证性实验进行了一些改革，更新成部分综合性和设计性实验 5 个；附录主要介绍常用电子仪器的使用。

本实验教材可作为高等院校电类专业"模拟电子技术"课程的配套实验指导书，也可供工程技术人员参考。

图书在版编目（CIP）数据

模拟电子技术实验指导书 / 任国燕主编． —北京：中国水利水电出版社，2008（2021.2 重印）

（21 世纪智能化网络化电工电子实验系列教材）

电类专业适用

ISBN 978-7-5084-5665-2

Ⅰ．模… Ⅱ．任… Ⅲ．模拟电路—电子技术—实验—高等学校—教学参考资料 Ⅳ．TN710-33

中国版本图书馆 CIP 数据核字（2008）第 108422 号

书 名	21 世纪智能化网络化电工电子实验系列教材 模拟电子技术实验指导书（电类专业适用）
作 者	主 编 任国燕 主 审 刘永刚
出版发行	中国水利水电出版社 （北京市海淀区玉渊潭南路 1 号 D 座 100038） 网址：www.waterpub.com.cn E-mail：mchannel@263.net（万水） 　　　　sales@waterpub.com.cn 电话：（010）68367658（发行部）、82562819（万水）
经 售	北京科水图书销售中心（零售） 电话：（010）88383994、63202643、68545874 全国各地新华书店和相关出版物销售网点
排 版	北京万水电子信息有限公司
印 刷	三河市铭浩彩色印装有限公司
规 格	184mm×260mm　16 开本　6.5 印张　148 千字
版 次	2008 年 7 月第 1 版　2021 年 2 月第 5 次印刷
印 数	6501—7500 册
定 价	19.00 元

序

　　电工电子实验是配合电工电子技术课程教学的一个非常重要的教学环节，通过实验能够巩固学生的电工电子技术基础理论知识，培养学生的实践技能、分析问题、解决问题的能力，启发学生的创新意识。

　　随着网络和信息技术的发展，作为工科专业所十分注重的实验教育也必须跟上时代的脚步，实验教学改革也成为了学校教学改革的一个热点。在实验教学改革中，提倡开放式实验教学，将研究学习和信息技术整合起来，因此基础实验的网络化显得尤为重要和迫切。然而，与之相关并具有针对性、反映当前科技发展的教材却较少。

　　由多所院校共同研讨，根据网络化、信息化实验设备的实际情况，结合天科公司实验设备的特点，组织编写了一套适合于网络化、信息化实验设备的系列教材——"21 世纪智能化网络化电工电子实验系列教材"，共计 5 本，分别是《电路原理实验指导书》、《数字电子技术实验指导书》、《模拟电子技术实验指导书》、《电机拖动与电气技术实验指导书》、《电工与电子技术实验指导书》。

　　本套丛书跟踪电工电子实验成熟的新技术、新原理，特别是计算机技术在电工电子实验中的应用，结合天科公司研制开发的"局域网联网型"多媒体实验教学管理软件，重点论述了关于电工电子（网络型）实验系统的总体结构及基本功能，是一套能满足新的实验教学要求和课程设置需要的教材。

　　本套丛书有以下特点：

　　（1）紧密配合课程内容与课程体系改革和实验教学改革的要求。

　　（2）内容详细完整，专业性、针对性强，软件系统能与大多数高等学校实验中心的实验设备配套。

　　（3）引进"局域网联网型"多媒体实验教学管理软件系统，与实际工程实验有机结合，提供强大的实验管理功能和人性化操作界面。

　　本套丛书内容新颖、概念清晰、实用性强、通俗易懂。通过本丛书可以让广大读者很好地了解未来实验的新手段，非常感谢重庆科技学院苑尚尊和刘永刚老师对我公司的大力支持与帮助，为新的实验技术推广提供了较完整的技术资料。

杭州天科教仪设备有限公司

董事长：金仕斌

2008 年 5 月

前　言

本实验教材是根据教育部《关于加强高等学校本科教育工作提高教学质量的若干意见》文件精神和《高等学校国家级实验教学示范中心建设标准》，并兼顾精品课建设要求编写的一套适应 21 世纪教学改革要求的实验教材。

模拟电子技术实验是配合相关理论课程教学的一个非常重要的环节，通过实验能够巩固模拟电子技术基础理论知识，培养学生的实践技能、动手能力和分析问题及解决问题的能力，启发学生的创新意识并发挥创新思维潜力。

本实验教材作为本科学校电类专业模拟电子技术基础课程的实验教材，是按照模块化、网络化这一新的教学理念和教学体系而编写的。它具有如下特点：

（1）针对性强。

本教材是以我校与杭州天科集团共同研制的 TKDZ－2 型网络型模电数电综合实验装置为基础，根据该装置所开发的教学实验编写的实验指导书。教材中的基础实验内容都与该装置中的具体实验电路一一对应，针对性较强。

（2）内容充实，实验项目层次化。

本实验教材针对课程特点，根据教学大纲要求，对每个实验的实验目的、实验原理、实验内容及步骤、设计方法、注意事项等部分进行了详细阐述，有些实验单元安排了必做、选做和提高（书中用*号表示）等不同层次的实验项目，以适应不同专业学生的实验要求。

（3）适合学生进行自主实验。

培养学生的自学能力，提高学生的实践创新能力，是当今社会对学校的要求。作者结合学校电工电子示范实验中心的设立，大胆实践了全开放式的实验教学管理模式，本套教材可以给学生进行自主实验提供一个很好的指导。

本实验教材由重庆科技学院电子信息工程学院电工电子实验教学中心统一组织编写。

实验一至实验七和实验十八由任国燕编写，实验十五至实验十七由吴明芳编写，实验八至实验十四由杨君玲编写，附录 1 至附录 3 由李翠英、周红军编写。

全书由任国燕统稿修改，由刘永刚主审，并提出宝贵意见和建议，同时也得到了电工电子实验教学中心其他老师的大力支持和帮助，在此一并表示感谢。

由于编者水平有限，加之时间仓促，书中难免不足和错误之处，恳请广大读者提出批评和改进意见。

编　者
2008 年 4 月

目　　录

绪　论

一、电子技术实验的性质与任务

电子技术是现代科学技术的一个极为重要的组成部分，它广泛应用于国民经济各部门和人们的日常生活。随着社会发展及高等教育的需求，电子技术已成为高等学校电子电气、计算机、通信等专业必修的一门专业基础课。然而，要学习好电子技术这门课程，只掌握书本上的理论知识是不够的，还必须通过大量的实验才能够将理论与实践结合起来。

熟练地掌握电子实验技术，无论是对从事电子技术领域工作的工程技术人员，还是对正在进行本课程学习的学生来说，都是极其重要的。通过实验手段，使学生获得电子技术方面的基本知识和基本技能，并运用所学理论来分析和解决实际问题，提高实际工作能力。

电子技术实验可以分为以下 3 个层次：第一个层次是验证性实验，它主要是以电子元器件特性、参数和基本单元电路为主，根据实验目的、实验电路、仪器设备和较详细的实验步骤来验证电子技术的有关理论，从而进一步巩固所学的基本知识和基本理论；第二个层次是提高性实验，它主要是根据给定的实验电路，由学生自行选择测试仪器，拟定实验步骤，完成规定的电路性能指标测试任务；第三个层次是综合性和设计性实验，学生根据给定的实验题目、内容和要求，自行设计实验电路，选择合适的元器件并组装实验电路，拟定出调整、测试方案，最后使电路达到设计要求，这个层次的实验，可以培养学生综合运用所学知识和解决实际问题的能力。

电子技术实验的任务是使学生获得高级技术人员所必须掌握的电子电路的实验基本知识和基本实践技能，并通过实验课的训练进一步培养学生的电子电路实践动手能力，培养学生理论联系实际的能力。使学生能根据实验结果，利用所学理论，通过分析找出内在联系，从而对电路参数进行调整，使之符合电路性能要求。在实验中培养学生独立认真思考的习惯、良好的工程观点，以及实事求是、严谨的科学作风。

二、电子技术实验的预习要求

电子技术实验的内容广泛，每个实验的目的、步骤也有所不同，但基本过程是类似的。为了达到每个实验的预期效果，要求参加实验者做到：

（1）实验前预习。

为了避免盲目性，使实验过程有条不紊地进行，每个实验前都要做好以下几方面的实验准备：

1）阅读实验教材，明确实验目的、任务，了解实验内容及测试方法。

2）复习有关理论知识并掌握所用仪器的使用方法，认真完成所要求的电路设计、实验底板安装等任务。

3）根据实验内容拟好实验步骤，选择测试方案。

4）对实验中应记录的原始数据和待观察的波形应先列表待用。

（2）预习实验软件基本功能。

由于本实验是采用我校与杭州天科集团共同研制的 **TKDZ－2** 型网络型模电数电综合实验装置，所以要求学生在实验前应预习实验软件的基本使用方法。

下面详细介绍实验软件的使用。

在正确安装本软件后，单击"开始"→"程序"→"网络电子实验管理系统"命令或者双击桌面上的"网络电子实验管理系统"快捷方式，即可启动本应用程序。应用程序启动后的登录界面如图 1 所示。

学生第一次做实验先要进行注册，注册成功后才能进入本程序（以后就可以直接输入学号进入实验主界面）。单击"注册"按钮弹出如图 2 所示的注册界面。

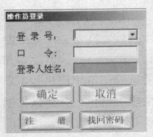

图 1　"操作员登录"界面　　　　图 2　"学生身份注册"界面

先填写姓名、登录号（学号）、口令、密码提示、问题答案、班级、E-Mail、再调入照片，然后单击"确定"按钮后即可完成注册。注册完成后在登录界面中输入学生的登录号（学号）即可进入程序主界面，如图 3 所示。

图 3　软件主界面

单击"填写实验报告"，出现如图4所示的界面。

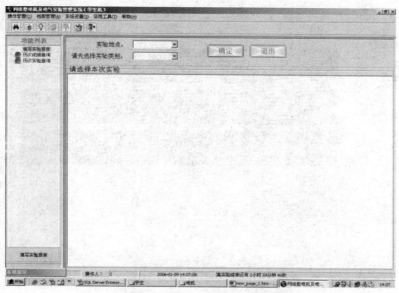

图4　填写实验报告界面1

选择实验地点、实验类型和实验类别，然后单击"确定"按钮进入学生填写实验报告的界面如图5所示（注：表格中黄色的部分表示采集数据，必须要通过仪表采集才能得到数据；白色部分表示计算数据，学生可以把计算结果手动输入）。

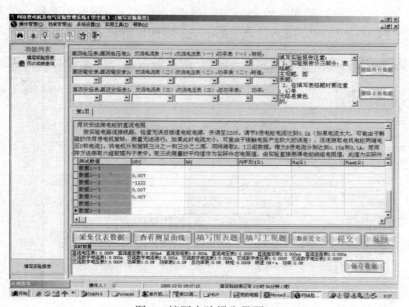

图5　填写实验报告界面2

其中学生做实验主要的任务有：

（1）采集仪表数据。主要是对做实验时的电流表、电压表、毫伏表、信号源、示波器、数码管、逻辑电平、直流稳压电源等进行数据采集和监控，主要界面如图 6 所示。

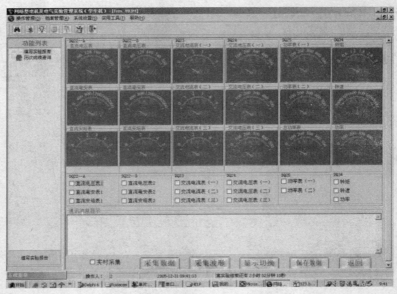

图 6　采集仪表数据界面

当一组数据采集完成后，单击"保存数据"按钮，这样采集到的数据就保存到了图 5 所示的界面中了，只要单击"返回"按钮即可把采集到的数据填写到实验报告的相应表格中。控制信号源时在输入框中输入控制的值后按 Enter 键就可以把该值发给信号源。

（2）采集波形。主要是对示波器测量波形进行采集。当示波器采集完波形后，示波器的键盘被锁住，不能使用，按示波器上的 Force 键即可解锁，如图 7 所示。

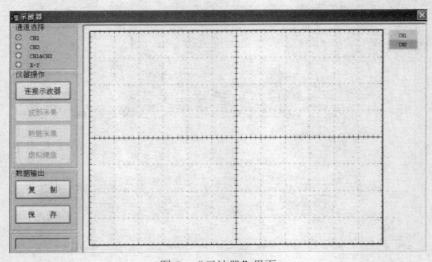

图 7　"示波器"界面

（3）填写图表题。单击"填写图表题"按钮进入如图 8 所示的图表填写界面。单击"采集波形"按钮将弹出如图 7 所示的波形采集界面。

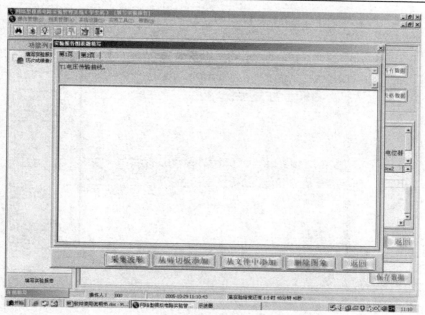

图 8　图表填写界面

把软件上的波特率与示波器上的设置成一致，单击所要采集的通道，这样就可以采集到相应通道的波形。单击"复制"按钮，再单击图 8 中的"从剪切板添加"按钮即可将采集到的波形填入图表题中，如图 9 所示。

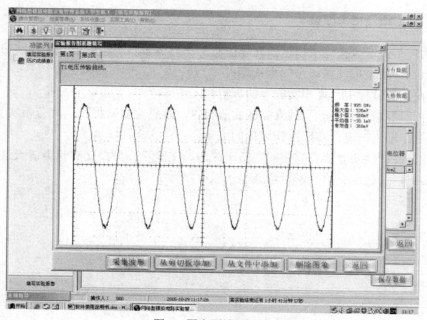

图 9　图表题填写效果

（4）填写主观题。主要是对这次实验的总结、归纳，以及实验的体会、误差分析等。单击图 5 中的"填写主观题"按钮，弹出如图 10 所示的界面。

图 10   填写主观题界面

（5）数据提交：单击图 5 中的"数据提交"按钮，教师机上的"在线指导"中将显示提交的数据信息，教师可以去查看实验数据，如果有错误可以及时修改。

（6）报告提交：单击"提交"按钮结束实验，并将实验报告上传到服务器。

三、实验成绩及相关因素

对于单列实验课，实验成绩单独计算；对于课内实验，实验成绩占总成绩的比例最高可以达到 30%，实验成绩由以下因素决定：

（1）在实验过程中，遵守实验室的规定。

（2）按照要求预习实验，独立完成实验报告，尊重实验数据，认真分析实验结果。

（3）在学期末，进行实际操作考核的成绩。

综合性、设计性实验要有完整的实验电路图、实验步骤，提交实验申请表进行预约后方可进行实验，对表现突出的学生可适当予以奖励。

实验一 低频单管放大电路

一、实验目的

（1）学会放大器静态工作点的调试方法，分析静态工作点对放大器性能的影响。

（2）掌握放大器电压放大倍数、输入电阻、输出电阻及最大不失真输出电压的测试方法。

（3）熟悉常用电子仪器及模拟电路实验设备的使用。

二、实验原理

图 1-1 所示为电阻分压式工作点稳定单管放大器实验电路图。它的偏置电路采用 R_{B1} 和 R_{B2} 组成的分压电路，并在发射极中接有电阻 R_E，以稳定放大器的静态工作点。当在放大器的输入端加入输入信号 u_i 后，在放大器的输出端便可得到一个与 u_i 相位相反、幅值被放大了的输出信号 u_o，从而实现了电压放大。

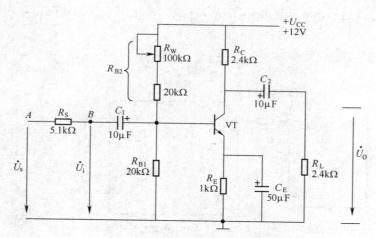

图 1-1 共射极单管放大器实验电路

放大器种类很多，本次实验采用带有发射极偏置电阻的分压偏置式共射放大电路（如图 1-1 所示），使学生能够掌握一般放大电路的基本测试与调整方法。放大器应先进行静态调试，然后进行动态调试。

（1）静态工作点的估算与测量。

当流过偏置电阻 R_{B1} 和 R_{B2} 的电流远大于晶体管的基极电流时，

$$U_{BQ} \approx \frac{R_{B1}}{R_{B1} + R_{B2}} U_{CC}$$

$$I_{EQ} = \frac{U_{BQ} - U_{BEQ}}{R_E} \approx I_{CQ}$$

$$U_{CEQ} = U_{CC} - I_{CQ}(R_C + R_E)$$

测量放大器的静态工作点，应在输入信号 $u_i=0$ 的情况下进行，必要时将输入端对"地"交流短路，用直流电压表（一般采用万用表直流电压挡）测量电路有关点的直流电位，并与理论估算值相比较。若偏差不大，则可调整电路有关电阻如 R_W，使之电位值达到所需值；若偏差太大或不正常，则应检查电路有无故障、测量有无错误等。

（2）放大器动态指标的估算与测试。

放大器的动态指标包括电压放大倍数、输入电阻、输出电阻、最大不失真输出电压（动态范围）和通频带等。理论上，电压放大倍数 $A_u = -\beta \dfrac{R_C \parallel R_L}{r_{be}}$，输入电阻 $R_i = R_{B1} \parallel R_{B2} \parallel r_{be}$，输出电阻 $R_o \approx R_C$。

1）电压放大倍数的测量。调整放大器到合适的静态工作点，然后加入输入电压 u_i，在输出电压 u_o 不失真的情况下，用交流毫伏表测出 u_i 和 u_o 的有效值 U_i 和 U_o，则 $A_u = \dfrac{U_o}{U_i}$。

2）输入电阻的测量。为了测量放大电路的输入电阻，按图 1-2 所示电路在被测放大器的输入端与信号源之间串入一已知电阻 R，在放大器正常工作的情况下，用交流毫伏表测出 U_i 和 U_s，则

$$R_i = \frac{U_i}{I_i} = \frac{U_i}{U_s - U_i} R$$

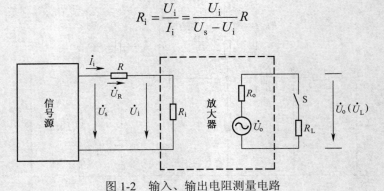

图 1-2　输入、输出电阻测量电路

3）输出电阻的测量。按图 1-2 所示电路，在放大器正常工作条件下，测出输出端不接负载 R_L 的输出电压 U_o 和接入负载后的输出电压 U_L，因为 $U_L = \dfrac{R_L}{R_o + R_L} U_o$，所以可以求出

$$R_o = \left(\frac{U_o}{U_L} - 1 \right) R_L。$$

4）最大不失真输出电压的测量。由理论上可知，静态工作点在交流负载线的中点时，可以获得最大动态范围。因此，在放大器正常工作情况下，逐步增大输入信号的幅度，并同时调节 R_W，当用示波器观察输出波形出现双向限幅失真时，再减小输入信号幅度，使输

出波形刚好不失真，则此时输出波形的峰峰值就是最大不失真输出电压 U_{opp}。

5）放大器幅频特性的测量。放大器的幅频特性是指放大器的电压放大倍数 A_u 与输入信号频率 f 之间的关系曲线。单管阻容耦合放大电路的幅频特性曲线如图 1-3 所示，A_{um} 为中频电压放大倍数，通常规定电压放大倍数随频率变化下降到中频放大倍数的 $1/\sqrt{2}$ 倍，即 $0.707A_{um}$ 所对应的频率分别称为下限频率 f_L 和上限频率 f_H，则通频带 $BW = f_H - f_L$。

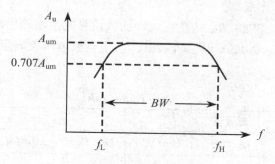

图 1-3　幅频特性曲线

用毫伏表或示波器监视，改变输入信号频率，保持输入信号的幅值不变，分别测出相应的不失真输出电压 U_o 值，并计算电压增益 $A_u = U_o/U_i$，即可得到被测网络的幅频特性。这种用逐点法测出的幅频特性通常叫静态幅频特性。

三、实验设备与器件

（1）+12V 直流电源

（2）函数信号发生器

（3）双踪示波器

（4）交流毫伏表

（5）直流电压表

（6）直流毫安表

（7）频率计

（8）万用表

（9）晶体三极管 3DG6×1（$\beta = 50 \sim 100$）或 9011×1（管脚排列如图 1-4 所示）

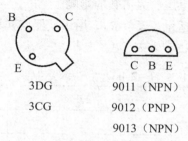

3DG	9011（NPN）
3CG	9012（PNP）
	9013（NPN）

图 1-4　晶体三极管管脚排列

（10）电阻、电容若干

四、实验内容与步骤

实验电路如图 1-1 所示。各电子仪器可按图 1-1 所示方式连接，为防止干扰，各仪器的公共端必须连在一起，同时信号源、交流毫伏表和示波器的引线应采用专用电缆线或屏蔽线，如使用屏蔽线，则屏蔽线的外包金属网应接在公共接地端上。

（1）调试静态工作点。

接通直流电源前，先将 R_W 调至最大，函数信号发生器输出旋钮旋至零。接通+12V电源，调节 R_W，使 I_C=2.0mA（即 U_E=2.0V），用直流电压表测量 U_B、U_E、U_C 的值，记入表 1-1。

表 1-1　I_C=2mA

测量值			计算值		
U_B（V）	U_E（V）	U_C（V）	U_{BE}（V）	U_{CE}（V）	I_C（mA）

（2）测量电压放大倍数。

在放大器输入端加入频率为 1kHz 的正弦信号 u_s，调节函数信号发生器的输出旋钮使放大器输入电压 $U_i \approx 10$mV，同时用示波器观察放大器输出电压 u_o 波形，在波形不失真的条件下用交流毫伏表测量下述两种情况下的 U_o 值，并用双踪示波器观察 u_o 和 u_i 的相位关系，记入表 1-2。

表 1-2　I_C=2.0mA　U_i=　　mV

R_C（kΩ）	R_L（kΩ）	U_o（V）	A_u	观察记录一组 u_o 和 u_i 波形
2.4	∞			
2.4	2.4			

（3）观察静态工作点对电压放大倍数的影响。

置 R_C=2.4kΩ，R_L=∞，U_i 适量，调节 R_W，用示波器监视输出电压波形，在 u_o 不失真的条件下，测量数组 I_C 和 U_o 值，记入表 1-3。

表 1-3　R_C=2.4kΩ　R_L=∞　U_i=　　mV

I_C（mA）			2.0	
U_o（V）				
A_u				

测量 I_C 时，要先将信号源输出旋钮旋至零（即使 U_i=0）。

（4）观察静态工作点对输出波形失真的影响。

置 R_C=2.4kΩ，R_L=2.4kΩ，u_i=0，调节 R_W 使 I_C=2.0mA，测出 U_{CE} 值，再逐步加大输入信号，使输出电压 u_o 足够大但不失真。然后保持输入信号不变，分别增大和减小 R_W，使波形出现失真，绘出 u_o 的波形，并测出失真情况下的 I_C 和 U_{CE} 值，记入表 1-4。每次测 I_C 和 U_{CE} 值时都要将信号源的输出旋钮旋至零。

表 1-4 R_C=2.4kΩ R_L=∞ U_i=   mV

I_C（mA）	U_{CE}（V）	u_o 波形	失真情况	管子工作状态
2.0				

（5）测量最大不失真输出电压。

置 R_C=2.4kΩ，R_L=2.4kΩ，按照实验原理中所述方法，若要测得该电路的最大不失真输出幅度，首先应增加输入信号，使 U_o 出现失真，然后调节 R_W 使失真消失；再增加输入信号的幅值，重复上一步，直到 U_o 的波形对称失真，再共同调节输入信号幅度和 R_W 使对称失真同时消失，此时的 U_o 即为最大不失真的输出幅度。用示波器和交流毫伏表测量 U_{opp} 及 U_o 值，记入表 1-5。

表 1-5 R_C=2.4kΩ R_L=2.4kΩ

I_C（mA）	U_{im}（mV）	U_{om}（V）	U_{opp}（V）

*（6）测量输入电阻和输出电阻。

置 R_C=2.4kΩ，R_L=2.4kΩ，I_C=2.0mA。输入 f=1kHz 的正弦信号，在输出电压 u_o 不失真的情况下，用交流毫伏表测出 U_s、U_i 和 U_L，记入表 1-6。

保持 U_s 不变，断开 R_L，测量输出电压 U_o，记入表 1-6。

表 1-6 I_C=2mA R_c=2.4kΩ R_L=2.4kΩ

U_s（mV）	U_i（mV）	R_i（kΩ）		U_L（V）	U_o（V）	R_o（kΩ）	
		测量值	计算值			测量值	计算值

*（7）测量幅频特性曲线。

取 I_C=2.0mA，R_C=2.4kΩ，R_L=2.4kΩ。保持输入信号 u_i 的幅度不变，改变信号源频率 f，逐点测出相应的输出电压 U_o，记入表 1-7。

表 1-7　U_i=　　　mV

	f_1	f_2	f_3	f_4	f_5	…
f（kHz）						
U_o（V）						
$A_u=U_o/U_i$						

为了信号源频率 f 取值合适，可先粗测一下，找出中频范围，然后再仔细读数。

说明：本实验内容较多，其中 6、7 可作为选作内容。

五、预习要求

阅读教材中有关单管放大电路的内容并估算实验电路的性能指标。

假设：3DG6 的 β=100，R_{B1}=20kΩ，R_{B2}=60kΩ，R_C=2.4kΩ，R_L=2.4kΩ。

六、注意事项

（1）在测试 R_o 中应注意，必须保持 R_L 接入前后输入信号的大小不变。

（2）测量幅频特性时应注意取点要恰当，在低频段与高频段应多测几点，在中频段可以少测几点。此外，在改变频率时，要保持输入信号的幅度不变，且输出波形不得失真。

（3）在测量输入电阻时，由于增加了 R，原来不振荡的电路有可能产生振荡，因此不要因为测量输入端的信号就不监视输出信号的波形。在测量输出电阻时，负载的变化也有可能使信号失真。因此，切忌盲目地用毫伏表读数而不管信号的波形是否失真。

七、思考题

（1）改变静态工作点对放大器的输入电阻 R_i 有无影响？改变外接电阻 R_L 对输出电阻 R_o 有无影响？

（2）当调节偏置电阻 R_{B2}，使放大器输出波形出现饱和或截止失真时，晶体管的管压降 U_{CE} 怎样变化？

八、实验报告要求

（1）列表整理测量结果，并把实测的静态工作点、电压放大倍数、输入电阻、输出电阻之值与理论计算值比较（取一组数据进行比较），分析产生误差的原因。

（2）总结 R_C、R_L 及静态工作点对放大器电压放大倍数、输入电阻、输出电阻的影响。

（3）讨论静态工作点变化对放大器输出波形的影响。

（4）分析讨论在调试过程中出现的问题。

实验二　射极跟随器

一、实验目的

（1）掌握射极跟随器的特性及测试方法。
（2）进一步学习放大器各项参数的测试方法。

二、实验原理

射极跟随器的实验电路图如图 2-1 所示。它是一个电压串联负反馈放大电路，具有输入电阻高，输出电阻低，电压放大倍数接近于 1，输出电压能够在较大范围内跟随输入电压作线性变化以及输入、输出信号同相等特点。

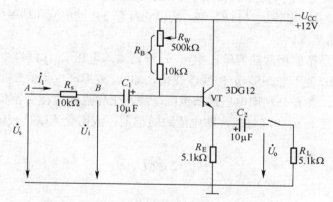

图 2-1　射极跟随器实验电路

射极跟随器的输出取自发射极，故称其为射极输出器。

（1）输入电阻 R_i。

$$R_i = R_B \mathbin{/\mkern-5mu/} [r_{be} + (1+\beta)(R_E \mathbin{/\mkern-5mu/} R_L)]$$

由上式可知射极跟随器的输入电阻 R_i 比共射极单管放大器的输入电阻 $R_i = R_B \mathbin{/\mkern-5mu/} r_{be}$ 要高得多，但由于偏置电阻 R_B 的分流作用，输入电阻难以进一步提高。输入电阻的测试方法同单管放大器

$$R_i = \frac{U_i}{I_i} = \frac{U_i}{U_s - U_i} R_s$$

即只要测得 A、B 两点的对地电位即可计算出 R_i。

（2）输出电阻 R_o。

考虑信号源内阻 R_s，则

$$R_{\text{o}} = \frac{r_{\text{be}} + (R_{\text{s}} \mathbin{/\mkern-5mu/} R_{\text{B}})}{\beta} \mathbin{/\mkern-5mu/} R_{\text{E}} \approx \frac{r_{\text{be}} + (R_{\text{s}} \mathbin{/\mkern-5mu/} R_{\text{B}})}{\beta}$$

由上式可知射极跟随器的输出电阻 R_{o} 比共射极单管放大器的输出电阻 $R_{\text{o}} \approx R_{\text{C}}$ 低得多。三极管的 β 越高，输出电阻越小。

输出电阻 R_{o} 的测试方法亦同单管放大器，即先测出空载输出电压 U_{o}，再测接入负载 R_{L} 后的输出电压 U_{L}，根据

$$U_{\text{L}} = \frac{R_{\text{L}}}{R_{\text{o}} + R_{\text{L}}} U_{\text{o}}$$

即可求出 R_{o}：

$$R_{\text{o}} = \left(\frac{U_{\text{o}}}{U_{\text{L}}} - 1 \right) R_{\text{L}}$$

（3）电压放大倍数。

$$A_{\text{u}} = \frac{(1+\beta)(R_{\text{E}} \mathbin{/\mkern-5mu/} R_{\text{L}})}{r_{\text{be}} + (1+\beta)(R_{\text{E}} \mathbin{/\mkern-5mu/} R_{\text{L}})} < 1$$

上式说明射极跟随器的电压放大倍数小于近于 1，且为正值，这是深度电压负反馈的结果。但因为它的射极电流仍比基流大 $(1+\beta)$ 倍，所以它具有一定的电流和功率放大作用。

（4）电压跟随范围。

电压跟随范围是指射极跟随器输出电压 u_{o} 跟随输入电压 u_{i} 作线性变化的区域。当 u_{i} 超过一定范围时，u_{o} 便不能跟随 u_{i} 作线性变化，即 u_{o} 波形产生了失真。为了使输出电压 u_{o} 正、负半周对称，并充分利用电压跟随范围，静态工作点应选在交流负载线中点，测量时可直接用示波器读取 u_{o} 的峰峰值，即电压跟随范围；或用交流毫伏表读取 u_{o} 的有效值，则电压跟随范围

$$U_{\text{opp}} = 2\sqrt{2}\, U_{\text{o}}$$

三、实验设备

（1）+12V 直流电源
（2）函数信号发生器
（3）双踪示波器
（4）交流毫伏表
（5）数字万用表
（6）频率计
（7）3DG12×1（$\beta = 50 \sim 100$）或 9013
（8）电阻、电容若干

四、实验内容与步骤

按图 2-1 组接电路。
（1）静态工作点的调整。

接通+12V 直流电源，在 B 点加入 f=1kHz 的正弦信号 u_i，输出端用示波器监视输出波形，反复调整 R_W 及信号源的输出幅度，使在示波器的屏幕上得到一个最大不失真输出波形，然后置 u_i=0，用数字万用表的电压挡测量晶体管各电极的对地电位，将测得的数据记入表 2-1。

表 2-1

U_E（V）	U_B（V）	U_C（V）	I_E（mA）

在下面整个测试过程中应保持 R_W 值不变（即保持静态工作点 I_E 不变）。

（2）测量电压放大倍数 A_u。

接入负载 R_L=1kΩ，在 B 点加 f=1kHz 的正弦信号 U_i，调节输入信号幅度，用示波器观察输出波形 U_L，在输出最大不失真情况下，用交流毫伏表测 U_i、U_L 的值，记入表 2-2。

表 2-2

U_i（V）	U_L（V）	A_u

（3）测量输出电阻 R_o。

接上负载 R_L=1kΩ，在 B 点加 f=1kHz 的正弦信号 u_i，用示波器监视输出波形，测空载输出电压 U_o、有负载时的输出电压 U_L，然后计算出 R_o，记入表 2-3。

表 2-3

U_o（V）	U_L（V）	R_o（kΩ）

（4）测量输入电阻 R_i。

在 A 点加 f=1kHz 的正弦信号 U_s，用示波器监视输出波形，用交流毫伏表分别测出 A、B 点对地的电位 U_s、U_i，然后计算出 R_i，记入表 2-4。

表 2-4

U_S（V）	U_i（V）	R_i（kΩ）

（5）测试跟随特性。

接入负载 R_L=1kΩ，在 B 点加入 f=1kHz 的正弦信号 u_i，逐渐增大信号 u_i 的幅度，用示波器监视输出波形直至输出波形达到最大不失真，测量对应的 U_L 值，记入表 2-5。

表 2-5

U_i（V）	
U_L（V）	

（6）测试频率响应特性。

保持输入信号 u_i 幅度不变，改变信号源频率，用示波器监视输出波形，用交流毫伏表测量不同频率下的输出电压 U_L 值，记入表 2-6。

表 2-6

f（kHz）	
U_L（V）	

五、预习要求

（1）复习射极跟随器的工作原理。

（2）根据图 2-1 的元件参数值估算静态工作点，并画出交、直流负载线。

六、注意事项

测量 R_i、R_o 和 A_v 时，应在输出不失真的情况下进行。若输出波形失真，可适当降低输入信号的大小。

七、思考题

（1）R_B 电阻的选择对提高放大器输入电阻有何影响？

（2）根据实验结果说明 R_E 的大小应如何选择？

（3）说明工作电流 I_E 为什么大一些为好？

八、实验报告要求

（1）整理实验数据，并画出曲线 $U_L=f(U_i)$ 及 $U_L=f(f)$。

（2）分析射极跟随器的性能和特点。

实验三 场效应管放大器

一、实验目的

（1）了解结型场效应管的性能和特点。

（2）进一步熟悉放大器动态参数的测试方法。

二、实验原理

场效应管是一种电压控制型器件，按结构可分为结型和绝缘栅型两种类型。由于场效应管栅源之间处于绝缘或反向偏置，所以输入电阻很高（一般可达上百兆欧）；又由于场效应管是一种多数载流子控制器件，因此热稳定性好，抗辐射能力强，噪声系数小，加之制造工艺较简单，便于大规模集成，因此得到越来越广泛的应用。

（1）结型场效应管的特性和参数。

场效应管的特性主要有输出特性和转移特性。如图 3-1 所示为 N 沟道结型场效应管 3DJ6F 的输出特性和转移特性曲线。其直流参数主要有饱和漏极电流 I_{DS}、夹断电压 U_P 等；交流参数主要有低频跨导

$$g_m = \frac{\Delta I_D}{\Delta U_{GS}}\Big|_{U_{DS}} = 常数$$

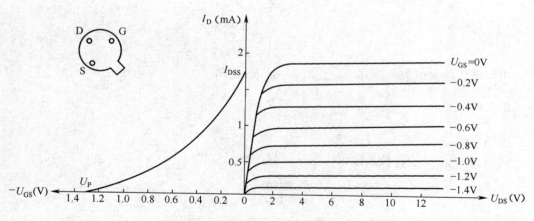

图 3-1 3DJ6F 的输出特性和转移特性曲线

表 3-1 列出了 3DJ6F 的典型参数值及测试条件。

（2）场效应管放大器性能分析。

图 3-2 为结型场效应管组成的共源极放大电路。

表 3-1

参数名称	饱和漏极电流 I_{DSS}（mA）	夹断电压 U_P（V）	跨导 g_m（μA/V）
测试条件	U_{DS}=10V U_{GS}=0V	U_{DS}=10V I_{DS}=50μA	U_{DS}=10V I_{DS}=3mA f=1kHz
参数值	1～3.5	<|-9|	>100

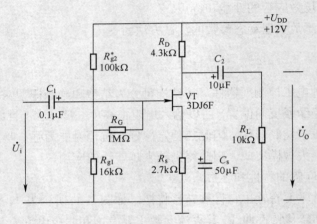

图 3-2　结型场效应管共源极放大器

其静态工作点

$$U_{GS} = U_G - U_s = \frac{R_{g1}}{R_{g1} + R_{g2}} U_{DD} - I_D R_s$$

$$I_D = I_{DSS}\left(1 - \frac{U_{GS}}{U_P}\right)^2$$

中频电压放大倍数　　$A_u = -g_m R_L' = -g_m R_D \mathbin{/\mkern-5mu/} R_L$

输入电阻　　　　　　$R_i = R_G + R_{g1} \mathbin{/\mkern-5mu/} R_{g2}$

输出电阻　　　　$R_o \approx R_D$

式中跨导 g_m 可由特性曲线用作图法求得，或用公式

$$g_m = -\frac{2I_{DSS}}{U_P}\left(1 - \frac{U_{GS}}{U_P}\right)$$

计算。但要注意，计算时 U_{GS} 要用静态工作点处之数值。

（3）输入电阻的测量方法。

场效应管放大器的静态工作点、电压放大倍数和输出电阻的测量方法与实验二中晶体管放大器的测量方法相同。其输入电阻的测量，从原理上讲，也可采用实验二中所述的方法，但由于场效应管的 R_i 比较大，如直接测输入电压 U_s 和 U_i，则限于测量仪器的输入电阻有限，必然会带来较大的误差。因此为了减小误差，常利用被测放大器的隔离作用，通

过测量输出电压 U_o 来计算输入电阻。测量电路如图 3-3 所示。

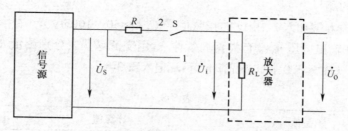

图 3-3　输入电阻测量电路

在放大器的输入端串入电阻 R，把开关 S 掷向位置 1（即使 $R=0$），测量放大器的输出电压 $U_{o1}=A_u U_s$；保持 U_s 不变，再把 S 掷向 2（即接入 R），测量放大器的输出电压 U_{o2}。由于两次测量中 A_u 和 U_s 保持不变，故

$$U_{o2} = A_u U_i = \frac{R_i}{R + R_i} U_s A_u \qquad \text{由此可以求出}$$

$$R_i = \frac{U_{o2}}{U_{o1} - U_{o2}} R$$

式中 R 和 R_i 不要相差太大，本实验可取 $R=100\sim200\mathrm{k\Omega}$。

三、实验设备

（1）+12V 直流电源

（2）函数信号发生器

（3）双踪示波器

（4）交流毫伏表

（5）直流电压表

（6）结型场效应管 3DJ6F×1

（7）电阻、电容若干

四、实验内容与步骤

（1）静态工作点的测量和调整。

接图 3-2 连接电路，令 $U_i=0$，接通+12V 电源，用直流电压表测量 U_G、U_s 和 U_D。检查静态工作点是否在特性曲线放大区的中间部分。如合适则把结果记入表 3-2；若不合适，则适当调整 R_{g2} 和 R_s，调好后，再测量 U_G、U_s 和 U_D，记入表 3-2。

表 3-2

测量值						计算值		
U_G（V）	U_s（V）	U_D（V）	U_{DS}(V)	U_{GS}(V)	I_D(mA)	U_{DS}（V）	U_{GS}（V）	I_D（mA）

（2）电压放大倍数 A_u、输入电阻 R_i 和输出电阻 R_o 的测量。

1）A_u 和 R_o 的测量。

在放大器的输入端加入 $f=1kHz$ 的正弦信号 U_i（$\approx 50\sim100mV$），并用示波器监视输出电压 u_o 的波形。在输出电压 u_o 没有失真的条件下，用交流毫伏表分别测量 $R_L=\infty$ 和 $R_L=10k\Omega$ 时的输出电压 U_o。（注意，保持 U_i 幅值不变），记入表 3-3。

表 3-3

测量值					计算值		u_i 和 u_o 波形
	U_i（V）	U_o（V）	A_u	R_o（kΩ）	A_u	R_o（kΩ）	
$R_L=\infty$							
$R_L=10k\Omega$							

用示波器同时观察 u_i 和 u_o 的波形，描绘出来并分析它们的相位关系。

2）R_i 的测量。

按图 3-3 改接实验电路，选择合适大小的输入电压 U_s（约 $50\sim100mV$），将开关 S 掷向 1，测出 $R=0$ 时的输出电压 U_{o1}，然后将开关掷向 2，（接入 R），保持 U_s 不变，再测出 U_{o2}，根据公式

$$R_i = \frac{U_{o2}}{U_{o1}-U_{o2}}R$$

求出 R_i，记入表 3-4。

表 3-4

测量值			计算值
U_{o1}（V）	U_{o2}（V）	R_i（kΩ）	R_i（kΩ）

五、预习要求

复习有关场效应管部分内容，并分别用图解法与计算法估算管子的静态工作点（根据实验电路参数），求出工作点处的跨导 g_m。

六、思考题

（1）在测量场效应管静态工作电压 U_{GS} 时，能否用直流电压表直接并在 G、S 两端测量？为什么？

（2）为什么测量场效应管输入电阻时要用测量输出电压的方法？

七、实验报告要求

（1）整理实验数据，将测得的 A_u、R_i、R_o 和理论计算值进行比较。

（2）把场效应管放大器与晶体管放大器进行比较，总结场效应管放大器的特点。

（3）分析测试中的问题，总结实验收获。

实验四　差动放大器

一、实验目的

（1）熟悉差动放大器的特性。
（2）学习差动放大器主要性能指标的测试方法。

二、实验原理

　　差动放大器的特点是静态工作点稳定，对共模信号有很强的抑制能力，它唯独对输入信号的差（差模信号）做出响应，这些特点在电子设备中应用很广。集成运算放大器几乎都采用差动放大器作为输入级。这种对称的电压放大器有两个输入端和两个输出端，电路使用正、负对称的电源。根据电路的结构可分为：双端输入双端输出、双端输入单端输出、单端输入双端输出、单端输入单端输出 4 种接法。凡双端输出，差模电压放大倍数与单管放大倍数一样，而单端输出时，差模电压放大倍数为双端输出的一半。另外，若电路参数完全对称，则双端输出时的共模放大倍数 $A_C = 0$，其实测的共模抑制比 K_{CMR} 将是一个较大的数值，K_{CMR} 越大，说明电路抑制共模信号的能力越强。

　　图 4-1 是本实验的差动放大器的基本结构。它由两个元件参数相同的基本共射放大电路组成。当开关 S 拨向左边时，构成典型的差动放大器。调零电位器 R_P 用来调节 VT_1、VT_2 管的静态工作点，使得输入信号 $u_I=0$ 时，双端输出电压 $u_O=0$。R_E 为两管共用的发射极电阻，它对差模信号无负反馈作用，因而不影响差模电压放大倍数，但对共模信号有较强的负反馈作用，故可以有效地抑制零漂，稳定静态工作点。

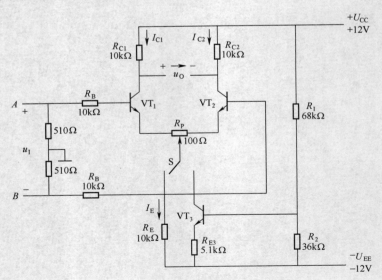

图 4-1　差动放大器实验电路

当开关 S 拨向右边时，构成具有恒流源的差动放大器。它用晶体管恒流源代替发射极电阻 R_E，可以进一步提高差动放大器抑制共模信号的能力。

（1）静态工作点的估算。

典型电路

$$I_E \approx \frac{|U_{EE}| - U_{BE}}{R_E} \quad (认为 \ U_{B1} = U_{B2} \approx 0)$$

$$I_{C1} = I_{C2} = \frac{1}{2} I_E$$

恒流源电路

$$I_{C3} \approx I_{E3} \approx \frac{\dfrac{R_2}{R_1 + R_2}(U_{CC} + |U_{EE}|) - U_{BE}}{R_{E3}}$$

$$I_{C1} = \frac{1}{2} I_{C3}$$

（2）差模电压放大倍数和共模电压放大倍数。

当差动放大器的射极电阻 R_E 足够大或采用恒流源电路时，差模电压放大倍数 A_d 由输出端方式决定，而与输入方式无关。

双端输出，$R_E = \infty$，R_P 在中心位置时

$$A_d = \frac{\Delta u_O}{\Delta u_I} = -\frac{\beta R_C}{R_B + r_{be} + \dfrac{1}{2}(1 + \beta)R_P}$$

单端输出

$$A_{d1} = \frac{\Delta u_{c1}}{\Delta u_I} = \frac{1}{2} A_d$$

$$A_{d2} = \frac{\Delta u_{c2}}{\Delta u_I} = -\frac{1}{2} A_d$$

当输入共模信号时，若为单端输出，则有

$$A_{c1} = A_{c2} = \frac{\Delta u_{c1}}{\Delta u_I} = \frac{-\beta R_C}{R_B + r_{be} + (1 + \beta)\left(\dfrac{1}{2} R_P + 2R_E\right)} \approx -\frac{R_C}{2R_E}$$

若为双端输出，在理想情况下

$$A_c = \frac{\Delta u_O}{\Delta u_I} = 0$$

实际上由于元件不可能完全对称，因此 A_c 也不会绝对等于零。

（3）共模抑制比 K_{CMR}。

为了表征差动放大器对有用信号（差模信号）的放大作用和对共模信号的抑制能力，通常用一个综合指标来衡量，即共模抑制比

$$K_{CMR} = \left| \frac{A_d}{A_c} \right|$$

$$K_{CMR} = 20Log\left|\frac{A_d}{A_c}\right| \quad (dB)$$

差动放大器的输入信号可采用直流信号也可采用交流信号。本实验由函数信号发生器提供频率 f=1kHz 的正弦信号作为输入信号。

三、实验设备

（1）±12V 直流电源
（2）函数信号发生器
（3）双踪示波器
（4）交流毫伏表
（5）直流电压表
（6）晶体三极管 3DG6×3，要求 VT$_1$、VT$_2$ 管特性参数一致，或 9011×3
（7）电阻、电容若干

四、实验内容与步骤

（1）典型差动放大器性能测试。

按图 4-1 连接实验电路，开关 S 拨向左边构成典型差动放大器。

1）测量静态工作点。

①调节放大器零点。

信号源不接入。将放大器输入端 A、B 与地短接，接通±12V 直流电源，用直流电压表测量输出电压 U_o，调节调零电位器 R_P，使 U_o=0。调节要仔细，力求准确。

②测量静态工作点。

零点调好以后，用直流电压表测量 VT$_1$、VT$_2$ 管各电极电位及射极电阻 R_E 两端电压 U_{RE}，记入表 4-1。

表 4-1

	U_{C1}（V）	U_{B1}（V）	U_{E1}（V）	U_{C2}（V）	U_{B2}（V）	U_{E2}（V）	U_{RE}（V）
测量值							
计算值	I_C（mA）			I_B（mA）		U_{CE}（V）	

2）测量差模电压放大倍数。

断开直流电源，将函数信号发生器的输出端接放大器输入 A 端，地端接放大器输入 B 端构成单端输入方式，调节输入信号为频率 f=1kHz 的正弦信号，并使输出旋钮旋至零，用示波器监视输出端（集电极 C_1 或 C_2 与地之间）。

接通±12V 直流电源，逐渐增大输入电压 U_i（约 100mV），在输出波形无失真的情况下，用交流毫伏表测 u_1、u_{c1}、u_{c2}，记入表 4-2 中，并观察 u_i、u_{C1}、u_{C2} 之间的相位关系及 u_{RE}

随 u_I 改变而变化的情况。

3）测量共模电压放大倍数。

将放大器 A、B 短接，信号源接 A 端与地之间构成共模输入方式，调节输入信号 f=1kHz，u_I=1V，在输出电压无失真的情况下，测量 u_{c1}、u_{c2} 之值记入表 4-2，并观察 u_i、u_{C1}、u_{C2} 之间的相位关系及 u_{RE} 随 u_I 改变而变化的情况。

表 4-2

	典型差动放大电路		具有恒流源差动放大电路	
	单端输入	共模输入	单端输入	共模输入
u_I	100mV	1V	100mV	1V
u_{c1}（V）				
u_{c2}（V）				
$A_{d1}=\dfrac{u_{c1}}{u_I}$		/		/
$A_d=\dfrac{u_O}{u_I}$		/		/
$A_{c1}=\dfrac{u_{c1}}{u_i}$	/		/	
$A_c=\dfrac{u_O}{u_I}$	/		/	
$K_{CMR}=\left|\dfrac{A_{d1}}{A_{c1}}\right|$				

（2）具有恒流源的差动放大电路性能测试。

将图 4-1 电路中开关 S 拨向右边，构成具有恒流源的差动放大电路。重复内容 1 中 2）、和 3）的要求，记入表 4-2。

五、预习要求

根据实验电路参数估算典型差动放大器和具有恒流源的差动放大器的静态工作点及差模电压放大倍数（取 $\beta_1=\beta_2=100$）。

六、注意事项

注意在计算时，对差模信号而言，双端输出时，$u_O=|u_{c1}|+|u_{c2}|$，对共模信号而言，$u_O=|u_{c1}|-|u_{c2}|$。

七、思考题

（1）测量静态工作点时，放大器输入端 A、B 与地应如何连接？

（2）实验中怎样获得双端和单端输入差模信号？怎样获得共模信号？画出 A、B 端与信号源之间的连接图。

（3）怎样进行静态调零点？用什么仪表测 U_o？

八、实验报告要求

（1）整理实验数据，列表比较实验结果和理论估算值，分析误差原因。

1）静态工作点和差模电压放大倍数。

2）典型差动放大电路单端输出时的 K_{CMR} 实测值与理论值比较。

3）典型差动放大电路单端输出时 K_{CMR} 的实测值与具有恒流源的差动放大器 K_{CMR} 实测值比较。

（2）比较 u_i、u_{C1} 和 u_{C2} 之间的相位关系。

（3）根据实验结果，总结电阻 R_E 和恒流源的作用。

（4）怎样用交流毫伏表测双端输出电压 u_O？

实验五 负反馈放大电路

一、实验目的

（1）研究电压串联负反馈对放大电路性能的改善。

（2）熟悉放大电路各项技术指标的测试方法。

二、实验原理

由于晶体管的参数会随着环境温度改变而改变，不仅放大器的工作点、放大倍数不稳定，还存在失真、干扰等问题。为了改善放大器的这些性能，常常在放大器中加入反馈环节。本次实验电路如图 5-1 所示，当开关 S 闭合时，电路构成级间电压串联负反馈。根据理论可知，这种负反馈会降低放大器的增益，但是能够提高放大器增益的稳定性，可以扩展放大器的通频带，还能够提高放大器输入阻抗，减小输出阻抗。

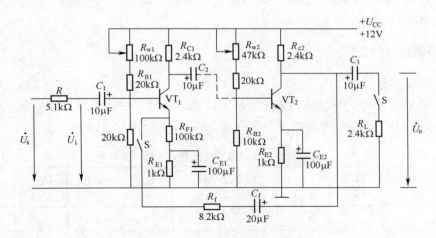

图 5-1 带有电压串联负反馈的两级阻容耦合放大器

主要性能指标如下：

（1）闭环电压放大倍数。

$$A_{uf} = \frac{A_u}{1 + A_u F_u}$$

其中，$A_u = U_o / U_i$ 为基本放大器（无反馈）的电压放大倍数，即开环电压放大倍数；$1 + A_u F_u$ 为反馈深度，它的大小决定了负反馈对放大器性能改善的程度。

（2）反馈系数。

$$F_u = \frac{R_{F1}}{R_f + R_{F1}}$$

（3）输入电阻。

$$R_{if}=(1+A_uF_u)R_i$$

R_i 为基本放大器的输入电阻。

（4）输出电阻。

$$R_{of} = \frac{R_o}{1 + A_{uo}F_u}$$

R_o 为基本放大器的输出电阻；A_{uo} 为基本放大器 $R_L=\infty$ 时的电压放大倍数。

三、实验设备与器件

（1）+12V 直流电源
（2）函数信号发生器
（3）双踪示波器
（4）频率计
（5）交流毫伏表
（6）直流电压表
（7）晶体三极管 3DG6×2（β=50～100）或 9011×2
（8）电阻、电容若干

四、实验内容和步骤

（1）调整静态工作点。

按图 5-1 连接电路，令放大器处于闭环工作状态。使 U_i=0，接通直流电源，调整 R_{W1} 和 R_{B3} 使 $U_{C1}\approx8V$，$U_{C2}\approx6V$，测量各级静态工作点，填入表 5-1 中。

表 5-1　负反馈放大电路静态工作点

U_{B1} (V)	U_{E1} (V)	U_{C1} (V)	U_{BE1} (V)	U_{CE1} (V)	U_{B2} (V)	U_{E2} (V)	U_{C2} (V)	U_{BE2} (V)	U_{CE2} (V)

（2）观察负反馈对放大倍数的影响。

在输入端加入频率为 1kHz，有效值为 5mV 的正弦波信号，分别测量电路在开环与闭环情况下的输出电压，同时用示波器观察输出波形。计算出电压放大倍数填入表 5-2 中，注意输出波形是否失真，若失真，可以减小 U_i。

表 5-2　负反馈对放大倍数的影响

工作方式	负载	U_i (mV)	U_o (V)	A_u
开环	$R_L=\infty$			
	$R_L=2.4k\Omega$			
闭环	$R_L=\infty$			
	$R_L=2.4k\Omega$			

（3）观察负反馈对波形失真的影响。

将图 5-1 电路开环，逐渐加大 U_i 的幅度，用示波器观察输出信号，当波形刚失真时，记下 U_i 的大小。再将图 5-1 电路闭环，逐渐加大 U_i 的幅度，用示波器观察输出信号，当波形刚失真时，记下 U_i 的大小，将两次结果相比较，得到正确的实验结论。

（4）观察负反馈对输入阻抗和输出阻抗的影响。

测试方法同上一个实验，分别测量电路在开环和闭环两种情况下的输入电阻和输出电阻，将数据填入表 5-3 中。

表 5-3　负反馈对输入阻抗和输出阻抗的影响

R_i（kΩ）	R_o（kΩ）	R_{if}（kΩ）	R_{of}（kΩ）

（5）观察负反馈对通频带的影响。

分别测量电路在开环和闭环两种情况下的幅频特性，画出幅频特性曲线，并比较两种情况下的带宽有什么不同。

五、预习要求

（1）复习有关负反馈放大器的内容。

（2）按实验电路 5-1 估算放大器的静态工作点（取 $\beta_1=\beta_2=100$）。

六、注意事项

测量电压放大倍数时一定要监测输出波形是否失真。

七、思考题

（1）如输入信号存在失真，能否用负反馈来改善？

（2）怎样判断放大器是否存在自激振荡？如何进行消振？

（3）如按深度负反馈估算，则闭环电压放大倍数 A_{uf}=？和测量值是否一致？为什么？

（4）如输入信号存在失真，能否用负反馈来改善？

八、实验报告要求

（1）将基本放大器和负反馈放大器动态参数的实测值和理论估算值列表进行比较。

（2）根据实验结果，总结电压串联负反馈对放大器性能的影响。

实验六　集成运算放大器的基本应用（I）
——模拟运算电路

一、实验目的

（1）研究由集成运算放大器组成的比例、加法、减法和积分等基本运算电路的功能。

（2）了解运算放大器在实际应用时应考虑的一些问题。

二、实验原理

运算放大器是具有两个输入端、一个输出端的高增益、高输入阻抗的多级直接耦合放大电路。在它的输出端和输入端之间加上反馈网络，则可实现不同的电路功能。本实验采用的集成运放型号为 μA741，引脚排列如图 6-1 所示。它是八脚双列直插式组件；2 为反相输入端，即当同相输入端接地，信号加到反相输入端，则输出信号与输入信号极性相反；3 为同相输入端，即当反相输入端接地，信号加到同相输入端，则输出信号与输入信号极性相同；4 为负电源端；7 为正电源端；6 为输出端；1 和 5 为外接调零电位器的两个端子；8 为空脚。

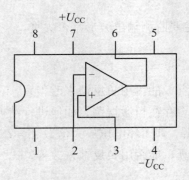

图 6-1　μA741 管脚图

（1）调零及消振。

集成运放在做运算使用前，应短路输入端，调节调零电位器，使输出电压为零。调零时应注意：必须在闭环条件下进行且输出端应用小量程电压挡，例如用万用表 1V 挡来测量输出电压。运放如不能调零，应检查电路接线是否正确，如输入端是否短接或输入不良、电路有没有闭环等。若经检查接线正确、可靠且仍不能调零，则可怀疑集成运放损坏或质量不好。由于运算放大器内部晶体管的极间电容和其他寄生参数的影响，很容易产生自激振荡，破坏正常工作。因此，在使用时要注意消振。通常是外接 RC 消振电路或消振电容。目前大多数集成运放内部电路已设置消振的补偿网络，如 μA741、OP-07D 等。

（2）反相比例运算电路。

电路如图 6-2 所示，该电路的输出和输入电压之间的关系为

$$u_{\mathrm{o}} = -\frac{R_{\mathrm{F}}}{R_1} u_{\mathrm{i}}$$

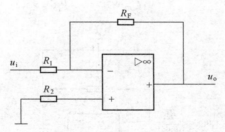

图 6-2 反相比例运算电路

（3）同相比例运算电路。

电路如图 6-3 所示，该电路的输出和输入电压之间的关系为

$$u_{\mathrm{o}} = \left(1 + \frac{R_{\mathrm{F}}}{R_1}\right) u_{\mathrm{i}} \qquad R_2 = R_1 \mathbin{/\!/} R_{\mathrm{F}}$$

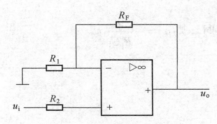

图 6-3 同相比例运算电路

（4）差动放大电路。

电路如图 6-4 所示，该电路的输出和输入电压之间的关系为当 $R_1 = R_2$，$R_3 = R_{\mathrm{F}}$ 时，有如下关系式

$$u_{\mathrm{o}} = \frac{R_{\mathrm{F}}}{R_1}(u_{\mathrm{i}2} - u_{\mathrm{i}1})$$

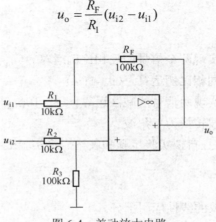

图 6-4 差动放大电路

（5）积分运算电路。

电路如图 6-5 所示，假设初始时刻电容两端的电压为 0。该电路的输出和输入电压之间的关系为

$$u_o = -u_C = -\frac{1}{C_F}\int i_f \mathrm{d}t = -\frac{1}{R_1 C_F}\int u_i \mathrm{d}t$$

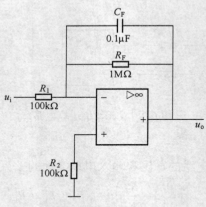

图 6-5　积分运算电路

当输入信号为阶跃电压时，则 $u_o = -\dfrac{u_i}{R_1 C_F}t$。

三、实验设备

（1）±12V 直流电源
（2）函数信号发生器
（3）交流毫伏表
（4）直流电压表
（5）集成运算放大器 $\mu A741 \times 1$
（6）电阻、电容若干

四、实验内容与步骤

（1）设计电路，能够实现两个信号的反相比例运算。（$u_o = -10u_i$）
（2）设计电路，实现同相比例运算。（$u_o = 11u_i$）
（3）设计电路，使之实现两信号的减法运算。（$u_o = 10(u_{i2} - u_{i1})$）
（4）用积分电路将方波转换为三角波。

要求：设计实验电路并且自拟实验步骤和表格，将实验数据和波形记录下来。

五、预习要求

（1）复习有关集成运放的线性应用部分。

（2）拟定实验任务所要求的各个运算电路，列出各电路的运算表达式。

（3）拟定每项实验任务的测试步骤，选定输入测试信号的类型（直流或交流）、幅度和频率范围。

（4）拟定实验中所需的仪器和元件。

（5）设计记录实验数据所需的表格。

六、注意事项

（1）为了提高运算精度，首先应对输出直流电位进行调零，即保证在零输入时运放输出为零。

（2）输入信号采用交流或直流均可，但在选取信号的频率和幅度时，应考虑运放的频率响应和输出幅度的限制。

（3）为防止出现自激振荡，应用示波器监视输出电压波形。

七、思考题

（1）若输入信号与集成运放的同相端相连，当信号正向增大时，运放的输出是正还是负？若输入信号与运放的反相端相连，当信号负向增大时，运放的输出是正还是负？

（2）在积分电路中，如 R_1=100kΩ，C=4.7μF，求时间常数。

假设 u_i=0.5V，问要使输出电压 u_o 达到 5V，需要多长时间（设 $u_C(0)$=0）？

（3）为了不损坏集成块，实验中应注意什么问题？

八、实验报告要求

（1）整理实验数据，画出波形图（注意波形间的相位关系）。

（2）将理论计算结果和实测数据相比较，分析产生误差的原因。

实验七　集成运算放大器的基本应用（II）
——波形发生器

一、实验目的

（1）学习用集成运放构成正弦波、方波和三角波发生器。

（2）学习波形发生器的调整和主要性能指标的测试方法。

二、实验原理

由集成运放构成的正弦波、方波和三角波发生器有多种形式，本实验选用最常用的、线路比较简单的几种电路加以分析。

（1）RC 桥式正弦波振荡器（文氏电桥振荡器）。

图 7-1 所示为 RC 桥式正弦波振荡器。其中 RC 串并联电路构成正反馈支路，同时兼作选频网络，R_1、R_2、R_W 及二极管等元件构成负反馈和稳幅环节。调节电位器 R_W 可以改变负反馈深度，以满足振荡的振幅条件和改善波形。利用两个反向并联二极管 VD_1、VD_2 正向电阻的非线性特性来实现稳幅。VD_1、VD_2 采用硅管（温度稳定性好），且要求特性匹配，才能保证输出波形正、负半周对称。R_3 的接入是为了削弱二极管非线性的影响，以改善波形失真。

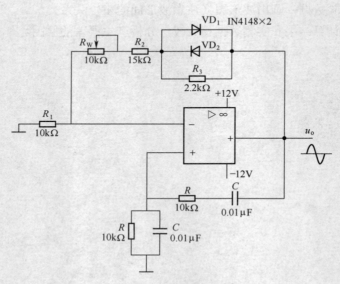

图 7-1　RC 桥式正弦波振荡器

电路的振荡频率

$$f_o = \frac{1}{2\pi RC}$$

起振的幅值条件

$$\frac{R_f}{R_1} \geqslant 2$$

式中 $R_f = R_W + R_2 + (R_3 /\!/ r_D)$，$r_D$ 为二极管正向导通电阻。

调整反馈电阻 R_f（调 R_W），使电路起振且波形失真最小。如不能起振，则说明负反馈太强，应适当加大 R_f。如波形失真严重，则应适当减小 R_f。

改变选频网络的参数 C 或 R，即可调节振荡频率。一般采用改变电容 C 作频率量程切换，而调节 R 作量程内的频率细调。

（2）方波发生器。

由集成运放构成的方波发生器和三角波发生器，一般均包括比较器和 RC 积分器两大部分。图 7-2 所示为由滞回比较器及简单 RC 积分电路组成的方波—三角波发生器。它的特点是线路简单，但三角波的线性度较差。主要用于产生方波或对三角波要求不高的场合。

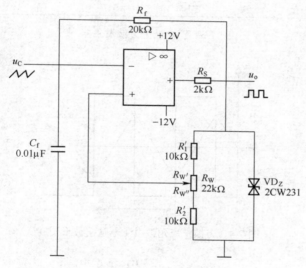

图 7-2　方波发生器

电路振荡频率

$$f_o = \frac{1}{2 R_f C_f \ln\left(1 + \dfrac{2R_2}{R_1}\right)}$$

式中　　　　　　　　　　　$R_1 = R_1' + R_W'$　　　　　$R_2 = R_2' + R_W''$

方波输出幅值　　　　　　　$U_{om} = \pm U_Z$

三角波输出幅值　　　　　　$U_{cm} = \dfrac{R_2}{R_1 + R_2} U_Z$

调节电位器 R_W（即改变 R_2/R_1）可以改变振荡频率，但三角波的幅值也随之变化。如要互不影响，则可通过改变 R_f（或 C_f）来实现振荡频率的调节。

（3）三角波和方波发生器。

如把滞回比较器和积分器首尾相接形成正反馈闭环系统，如图 7-3 所示，则比较器 A_1 输出的方波经积分器 A_2 积分可得到三角波，三角波又触发比较器自动翻转形成方波，这样即可构成三角波—方波发生器。图 7-4 所示为方波—三角波发生器输出波形图。由于采用运放组成的积分电路，因此可实现恒流充电，使三角波线性大大改善。

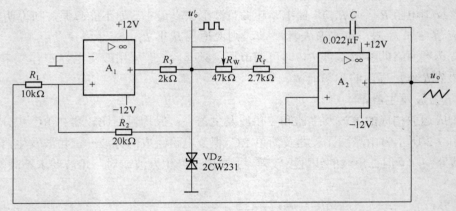

图 7-3　三角波—方波发生器

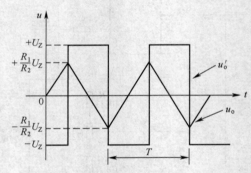

图 7-4　方波—三角波发生器输出波形图

电路振荡频率
$$f_o = \frac{R_2}{4R_1(R_f + R_W)C_f}$$

方波幅值
$$U'_{om} = \pm U_Z$$

三角波幅值
$$U_{om} = \frac{R_1}{R_2}U_Z$$

调节 R_W 可以改变振荡频率，改变比值 $\frac{R_1}{R_2}$ 可调节三角波的幅值。

三、实验设备

（1）±12V 直流电源
（2）双踪示波器

（3）交流毫伏表

（4）频率计

（5）集成运算放大器 μA741×2

（6）二极管 IN4148×2

（7）稳压管 2CW231×1

（8）电阻、电容若干

四、实验内容与步骤

（1）RC 桥式正弦波振荡器。

按图 7-1 连接实验电路。

1）接通±12V 电源，调节电位器 R_W，使输出波形从无到有，从正弦波到出现失真。描绘 u_o 的波形，记下临界起振、正弦波输出及失真情况下的 R_W 值，分析负反馈强弱对起振条件及输出波形的影响。

2）调节电位器 R_W，使输出电压 u_o 幅值最大且不失真，用交流毫伏表分别测量输出电压 U_o、反馈电压 U_+ 和 U_-，分析研究振荡的幅值条件。

3）用示波器或频率计测量振荡频率 f_o，然后在选频网络的两个电阻 R 上并联同一阻值电阻，观察记录振荡频率的变化情况，并与理论值进行比较。

4）断开二极管 VD_1、VD_2，重复 2）的内容，将测试结果与 2）进行比较，分析 VD_1、VD_2 的稳幅作用。

*5）RC 串并联网络幅频特性观察。

将 RC 串并联网络与运放断开，由函数信号发生器注入 3V 左右的正弦信号，并用双踪示波器同时观察 RC 串并联网络输入、输出波形。保持输入幅值（3V）不变，从低到高改变频率，当信号源达某一频率时，RC 串并联网络输出将达最大值（约 1V），且输入、输出同相位。此时的信号源频率

$$f = f_o = \frac{1}{2\pi RC}$$

（2）方波发生器。

按图 7-2 连接实验电路。

1）将电位器 R_W 调至中心位置，用双踪示波器观察并描绘方波 u_o 及三角波 u_C 的波形（注意对应关系），测量其幅值及频率，记录之。

2）改变 R_W 动点的位置，观察 u_o、u_C 幅值及频率变化情况。把动点调至最上端和最下端，测出频率范围，记录之。

3）将 R_W 恢复至中心位置，将一只稳压管短接，观察 u_o 波形，分析 VD_Z 的限幅作用。

（3）三角波和方波发生器。

按图 7-3 连接实验电路。

1）将电位器 R_W 调至合适位置，用双踪示波器观察并描绘三角波输出 u_o 及方波输出 u_o'，测其幅值、频率及 R_W 值，记录之。

2）改变 R_W 的位置，观察对 u_o、u_o' 幅值及频率的影响。

3）改变 R_1（或 R_2），观察对 u_o、u_o' 幅值及频率的影响。

五、预习要求

（1）复习有关 RC 正弦波振荡器、三角波及方波发生器的工作原理，并估算图 7-1 至图 7-3 电路的振荡频率。

（2）设计实验表格。

六、注意事项

调试桥式正弦波振荡电路时，若电路不起振可适当调整滑动变阻器。

七、思考题

（1）为什么在 RC 正弦波振荡电路中要引入负反馈支路？为什么要增加二极管 VD_1 和 VD_2？它们是怎样稳幅的？

（2）试设计一个 RC 正弦波振荡电路，f_o=1kHz。

八、实验报告要求

（1）正弦波发生器。

1）列表整理实验数据，画出波形，把实测频率与理论值进行比较。

2）根据实验分析 RC 振荡器的振幅条件。

3）讨论二极管 VD_1、VD_2 的稳幅作用。

（2）方波发生器。

1）列表整理实验数据，在同一坐标纸上按比例画出方波和三角波的波形图（标出时间和电压幅值）。

2）分析 R_W 变化时，对 u_o 波形的幅值及频率的影响。

3）讨论 VD_Z 的限幅作用。

（3）三角波和方波发生器。

1）整理实验数据，把实测频率与理论值进行比较。

2）在同一坐标纸上按比例画出三角波及方波的波形，并标明时间和电压幅值。

3）分析电路参数变化（R_1、R_2 和 R_W）对输出波形频率及幅值的影响。

实验八　RC、LC 正弦波振荡器

一、实验目的

（1）进一步学习 RC 正弦波振荡器的组成及其振荡条件，并学会测量、调试振荡器。

（2）掌握变压器反馈式 LC 正弦波振荡器的调整和测试方法。

（3）研究电路参数对 LC 振荡器起振条件及输出波形的影响。

二、实验原理

（1）RC 串并联网络（文氏桥）振荡器。

从结构上看，正弦波振荡器是没有输入信号的、带选频网络的正反馈放大器。若用 R、C 元件组成选频网络，就称为 RC 振荡器，一般用来产生 1Hz～1MHz 的低频信号，电路形式如图 8-1 所示。

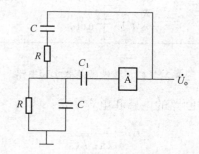

图 8-1　RC 串并联网络振荡器原理图

振荡频率　$f_o = \dfrac{1}{2\pi RC}$

起振条件　$|\dot{A}| > 3$

电路特点　可方便地连续改变振荡频率，便于加负反馈稳幅，容易得到良好的振荡波形。

注意：本实验采用两级共射极分立元件放大器组成 RC 正弦波振荡器。

（2）LC 正弦波振荡器。

LC 正弦波振荡器是用 L、C 元件组成的选频网络振荡器，一般用来产生 1MHz 以上的高频正弦信号。根据 LC 调谐回路的不同连接方式，LC 正弦波振荡器又可分为变压器反馈式（或称互感耦合式）、电感三点式和电容三点式 3 种。图 8-2 所示为变压器反馈式 LC 正弦波振荡器的实验电路。其中晶体三极管 VT_1 组成共射放大电路；变压器 T_r 的原绕组 L_1（振荡线圈）与电容 C 组成调谐回路，它既作为放大器的负载，又起选频作用；副绕组 L_2 为反馈线圈，L_3 为输出线圈。

该电路是靠变压器原、副绕组同名端的正确连接（如图 8-2 所示）来满足自激振荡的相位条件，即满足正反馈条件。在实际调试中可以通过把振荡线圈 L_1 或反馈线圈 L_2 的首、末端对调来改变反馈的极性。而振幅条件的满足，一是靠合理选择电路参数，使放大器建立合适的静态工作点，二是靠改变线圈 L_2 的匝数或它与 L_1 之间的耦合程度，以得到足够强的反馈量。稳幅作用是利用晶体管的非线性来实现的。由于 LC 并联谐振回路具有良好的选频作用，因此输出电压波形一般失真不大。

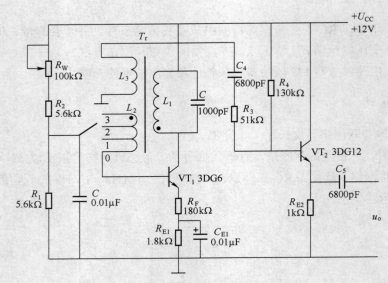

图 8-2　LC 正弦波振荡器实验电路

振荡器的振荡频率由谐振回路的电感和电容决定：

$$f_o = \frac{1}{2\pi\sqrt{LC}}$$

式中 L 为并联谐振回路的等效电感（即考虑其他绕组的影响）。

振荡器的输出端增加一级射极跟随器，用以提高电路的带负载能力。

三、实验设备与器件

（1）+12V 直流电源

（2）函数信号发生器

（3）双踪示波器

（4）频率计

（5）3DG12×2 或 9013×2

（6）交流毫伏表

（7）直流电压表

（8）振荡线圈

（9）晶体三极管 3DG6×1（9011×1）和 3DG12×1（9013×1）

（10）电阻、电容、电位器等。

四、实验内容与步骤

（1）RC 串并联选频网络振荡器。

1）按图 8-3 组接线路，用示波器观察得到一稳定的正弦波输出波形。若得不到稳定的正弦波输出波形，则调节 R_f 使得输出得到一稳定的正弦波波形。

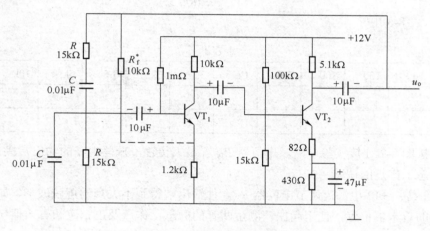

图 8-3　RC 串并联选频网络振荡器

2）断开 RC 串并联网络，测量各级放大器静态工作点并填入表 8-1 中。

表 8-1

	U_B（V）	U_C（V）	U_E（V）	三极管的工作状态
VT_1				
VT_2				

在输入端输入 f=1kHz，u_i 约为 10mV 的正弦信号，测量输出电压 u_o 的幅值，并计算电路的电压放大倍数填入表 8-2 中，同时比较是否满足正弦波振荡电路的起振条件。

表 8-2

U_i（mV）	U_o（V）	A_u

3）再次接通 RC 串并联网络，用示波器观测输出电压 u_o 波形，记录波形及其参数。

4）测量振荡频率，并与计算值进行比较。

*5）另搭接一个可调的 RC 串并联网络，在电路起振的情况下，改变 R 或 C 值，观察振荡频率变化情况。

*参数自选，时间不够可不做。

6）RC 串并联网络幅频特性的观察。

　　将 RC 串并联网络与放大器断开，用函数信号发生器的正弦信号注入 RC 串并联网络，保持输入信号的幅度不变（约 3V），频率由低到高变化，RC 串并联网络输出幅值将随之变化，当信号源达某一频率时，RC 串并联网络的输出将达最大值（约 1V 左右），且输入、输出同相位，此时信号源频率为

$$f = f_o = \frac{1}{2\pi RC}$$

并填入表 8-3 中。

表 8-3

f（Hz）	10	100	300	500	1k	2k	3k	3.5k	5k	10k	20k
u_o											
A_U											

　　（2）按图 8-2 连接实验电路。电位器 R_W 置最大位置，振荡电路的输出端接示波器。

　　1）静态工作点的调整。

　　①接通 U_{CC}=+12 电源，调节电位器 R_W，使输出端得到不失真的正弦波形，如不起振，可改变 L_2 的首末端位置，使之起振。测量两管的静态工作点及正弦波的有效值 U_o，记入表 8-4。

　　②把 R_W 调小，观察输出波形的变化。测量有关数据，记入表 8-4。

　　③调大 R_W，使振荡波形刚刚消失，测量有关数据，记入表 8-4。

表 8-4

		U_B（V）	U_E（V）	U_C（V）	I_C（mA）	U_o（V）	u_o 波形
R_W 居中	VT$_1$						
	VT$_2$						
R_W 小	VT$_1$						
	VT$_2$						
R_W 大	VT$_1$						
	VT$_2$						

　　根据以上 3 组数据，分析静态工作点对电路起振、输出波形幅度和失真的影响。

　　2）观察反馈量大小对输出波形的影响。

　　置反馈线圈 L_2 于位置"0"（无反馈）、"1"（反馈量不足）、"2"（反馈量合适）、"3"（反馈量过强）时测量相应的输出电压波形，记入表 8-5。

表 8-5

L_2 位置	"0"	"1"	"2"	"3"
u_o 波形				

3）验证相位条件。

改变线圈 L_2 的首、末端位置，观察停振现象。

4）测量振荡频率。

调节 R_W 使电路正常起振，同时用示波器和频率计测量以下两种情况下的振荡频率 f_o，记入表 8-6。

表 8-6

C（pF）	1000	100
f_o（kHz）		

谐振回路电容　1）C=1000pF。　　　2）C=100pF。

5）观察谐振回路 Q 值对电路工作的影响。

谐振回路两端并入 R=5.1kΩ 的电阻，观察 R 并入前后振荡波形的变化情况。

五、预习要求

（1）复习有关 3 种类型 RC 振荡器的结构与工作原理。

（2）计算 3 类 RC 振荡器实验电路的振荡频率。

（3）复习有关 LC 振荡器的内容。

六、思考题

（1）如何用示波器来测量振荡电路的振荡频率？

（2）LC 振荡器是怎样进行稳幅的？在不影响起振的条件下，晶体管的集电极电流是大一些好，还是小一些好？

（3）为什么可以用测量停振和起振两种情况下晶体管的 U_{BE} 变化来判断振荡器是否起振？

七、实验报告要求

（1）由给定电路参数计算振荡频率，并与实测值比较，分析误差产生的原因。

（2）总结 3 类 RC 振荡器的特点。

（3）整理实验数据，并分析讨论 LC 正弦波振荡器的相位条件和幅值条件。

（4）总结电路参数对 LC 振荡器起振条件及输出波形的影响。

（5）讨论实验中发现的问题及解决办法。

实验九 低频功率放大器——OTL 功率放大器

一、实验目的

（1）进一步理解 OTL 功率放大器的工作原理。
（2）学会 OTL 电路的调试及主要性能指标的测试方法。

二、实验原理

图 9-1 所示为 OTL 低频功率放大器电路。其中由晶体三极管 VT_1 组成推动级（也称前置放大级），VT_2、VT_3 是一对参数对称的 NPN 和 PNP 型晶体三极管，它们组成互补推挽 OTL 功放电路。由于每一个管子都接成射极输出器形式，因此具有输出电阻低、负载能力强等优点，适合于作功率输出级。VT_1 管工作于甲类状态，它的集电极电流 I_{C1} 由电位器 R_{W1} 进行调节。I_{C1} 的一部分流经电位器 R_{W2} 及二极管 VD，给 VT_2、VT_3 提供偏压。调节 R_{W2}，可以使 VT_2、VT_3 得到合适的静态电流而工作于甲乙类状态，以克服交越失真。静态时要求输出端中点 A 的电位 $U_A = \frac{1}{2} U_{CC}$，可以通过调节 R_{W1} 来实现，又由于 R_{W1} 的一端接在 A 点，因此在电路中引入交、直流电压并联负反馈，一方面能够稳定放大器的静态工作点，同时也改善了非线性失真。

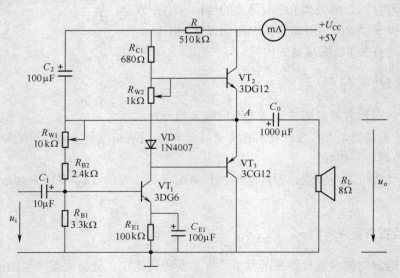

图 9-1 OTL 功率放大器实验电路

当输入正弦交流信号 u_i 时，经 VT_1 放大、倒相后同时作用于 VT_2、VT_3 的基极，u_i 的负半周使 VT_2 管导通（VT_3 管截止），有电流通过负载 R_L，同时向电容 C_0 充电，在 u_i 的正半周，VT_3 导通（VT_2 截止），则已充好电的电容器 C_0 起着电源的作用，通过负载 R_L 放电，

这样在 R_L 上就得到完整的正弦波。

C_2 和 R 构成自举电路，用于提高输出电压正半周的幅度，以得到大的动态范围。

OTL 电路的主要性能指标：

（1）最大不失真输出功率 P_{om}。

理想情况下，$P_{om} = \dfrac{1}{8}\dfrac{U_{CC}^2}{R_L}$，在实验中可通过测量 R_L 两端的电压有效值来求得实际的

$P_{om} = \dfrac{U_o^2}{R_L}$。

（2）效率 η。

$$\eta = \frac{P_{om}}{P_E}100\%$$

P_E 指直流电源供给的平均功率。

理想情况下，$\eta_{max}=78.5\%$。在实验中，可测量电源供给的平均电流 I_{dC}，从而求得 $P_E = U_{CC}\cdot I_{dC}$，负载上的交流功率已用上述方法求出，因而也就可以计算实际效率了。

（3）频率响应。

详见实验二有关部分内容。

（4）输入灵敏度。

输入灵敏度是指输出最大不失真功率时，输入信号 U_i 之值。

三、实验设备

（1）+5V 直流电源

（2）函数信号发生器

（3）双踪示波器

（4）交流毫伏表

（5）直流电压表

（6）直流毫安表

（7）频率计

（8）晶体三极管 3DG6（9011）、3DG12（9013）、3CG12（9012）

（9）晶体二极管 IN4007、8Ω 扬声器、电阻、电容若干

四、实验内容与步骤

在整个测试过程中，电路不应有自激现象。

（1）静态工作点的测试。

按图 9-1 连接实验电路，将输入信号旋钮旋至零（$u_i=0$）。

1）调节输出端中点电位 U_A。

调节电位器 R_{W1}，用直流电压表测量 A 点电位，使 $U_A = \dfrac{1}{2}U_{CC}$。

2）调整输出级静态电流及测试各级静态工作点。

调节 R_{W2}，使 VT_2、VT_3 管的 $I_{C2}=I_{C3}=5\sim10mA$。从减小交越失真角度而言，应适当加大输出级静态电流，但该电流过大会使效率降低，所以一般以 $5\sim10mA$ 左右为宜。由于毫安表是串联在电源进线中，因此测得的是整个放大器的电流，但一般 VT_1 的集电极电流 I_{C1} 较小，从而可以把测得的总电流近似当作末级的集电极电流的平均值。

调整输出级静态电流的另一方法是动态调试法。在输入端接入 $f=1kHz$ 的正弦信号 u_i。逐渐加大输入信号的幅值，此时输出波形应出现较严重的交越失真（注意：没有饱和和截止失真），然后缓慢增大 R_{W2}，当交越失真刚好消失时，停止调节 R_{W2}，恢复 $u_i=0$，此时直流毫安表读数即为输出级静态电流。一般数值也应在 $5\sim10mA$ 左右，如过大，则要检查电路。

输出级电流调好以后，测量各级静态工作点，记入表9-1。

表 9-1　$I_{C2}=I_{C3}=$　mA　$U_A=2.5V$

	VT_1	VT_2	VT_3
U_B（V）			
U_C（V）			
U_E（V）			

（2）最大输出功率 P_{om} 和效率 η 的测试。

1）测量 P_{om}。

输入端接 $f=1kHz$ 的正弦信号 u_i，输出端用示波器观察输出电压 u_o 波形。逐渐增大 u_i，使输出电压达到最大不失真输出，用交流毫伏表测出负载 R_L 上的电压 U_{om}，则

$$P_{om}=\frac{U_{om}^2}{R_L}$$

2）测量 η。

当输出电压为最大不失真输出时，读出直流毫安表中的电流值，此电流即为直流电源供给的平均电流 I_{dC}（有一定误差），由此可近似求得 $P_E=U_{CC}I_{dC}$，再根据上面测得的 P_{om} 即可求出 $\eta=\dfrac{P_{om}}{P_E}$。

（3）输入灵敏度测试。

根据输入灵敏度的定义，只要测出输出功率 $P_o=P_{om}$ 时的输入电压值 U_i 即可。

（4）频率响应的测试。

测试方法同实验二，记入表9-2。

表 9-2　$U_i=$　mV

			f_L		f_o		f_H		
f（Hz）					1000				
U_o（V）									
A_u									

在测试时，为保证电路的安全，应在较低电压下进行，通常取输入信号为输入灵敏度的 50%。在整个测试过程中，应保持 U_i 为恒定值，且输出波形不得失真。

（5）研究自举电路的作用。

1）测量有自举电路，且 $P_o=P_{o\max}$ 时的电压增益 $A_u=\dfrac{U_{om}}{U_i}$。

2）将 C_2 开路，R 短路（无自举），再测量 $P_o=P_{o\max}$ 的 A_u。

用示波器观察 1）、2）两种情况下的输出电压波形，并将以上两项测量结果进行比较，分析研究自举电路的作用。

（6）噪声电压的测试。

测量时将输入端短路（$u_i=0$），观察输出噪声波形，并用交流毫伏表测量输出电压，即为噪声电压 U_N，本电路若 $U_N<15\text{mV}$，即满足要求。

（7）试听。

输入信号改为录音机输出，输出端接试听音箱及示波器。开机试听，并观察语言和音乐信号的输出波形。

五、预习要求

（1）复习有关 OTL 工作原理部分的内容。
（2）为什么引入自举电路能够扩大输出电压的动态范围？
（3）交越失真产生的原因是什么？怎样克服交越失真？
（4）电路中电位器 R_{W2} 如果开路或短路，对电路工作有何影响？

六、注意事项

（1）在调整 R_{W2} 时，一是要注意旋转方向，不要调得过大，更不能开路，以免损坏输出管。
（2）输出管静态电流调好，如无特殊情况，不得随意旋动 R_{W2} 的位置。

七、思考题

（1）为了不损坏输出管，调试中应注意什么问题？
（2）如电路有自激现象，应如何消除？

八、实验报告要求

（1）整理实验数据，计算静态工作点、最大不失真输出功率 P_{om}、效率 η 等，并与理论值进行比较。画频率响应曲线。
（2）分析自举电路的作用。
（3）讨论实验中发生的问题及解决办法。

实验十 集成功率放大器

一、实验目的

（1）了解功率放大集成块的应用。

（2）学习集成功率放大器基本技术指标的测试。

二、实验原理

集成功率放大器由集成功放块和一些外部阻容元件构成，它具有线路简单、性能优越、工作可靠、调试方便等优点，已经成为在音频领域中应用十分广泛的功率放大器。

电路中最主要的组件为集成功放块，它的内部电路与一般分立元件功率放大器不同，通常包括前置级、推动级和功率级等几部分，有些还是具有一些特殊功能（消除噪声、短路保护等）的电路。其电压增益较高（不加负反馈时，电压增益达 70～80dB，加典型负反馈时电压增益在 40dB 以上）。

集成功放块的种类很多。本实验采用的集成功放块型号为 LA4112，它的内部电路如图 10-1 所示，由三级电压放大、一级功率放大以及偏置、恒流、反馈、退耦电路组成。

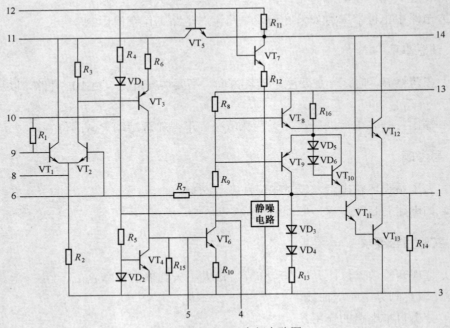

图 10-1　LA4112 内部电路图

（1）电压放大级。

第一级选用由 VT_1 和 VT_2 管组成的差动放大器，这种直接耦合的放大器零漂较小；第

二级的 VT_3 管完成直接耦合电路中的电平移动，VT_4 是 VT_3 管的恒流源负载，以获得较大的增益；第三级由 VT_6 管等组成，此级增益最高，为防止出现自激振荡，需要在该管的 B、C 极之间外接消振电容。

（2）功率放大级。

由 $VT_8 \sim VT_{13}$ 等组成复合互补推挽电路。为提高输出级增益和正向输出幅度，需要外接"自举"电容。

（3）偏置电路。

为建立各级合适的静态工作点而设立。

除上述主要部分外，为了使电路工作正常，还需要和外部元件一起构成反馈电路来稳定和控制增益。同时，还设有退耦电路来消除各级间的不良影响。

LA4112 集成功放块是一种塑料封装 14 脚的双列直插器件，它的外形如图 10-2 所示。表 10-1 和表 10-2 是它的极限参数和电参数。

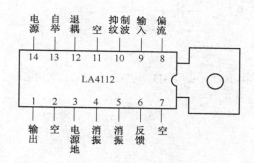

图 10-2　LA4112 外形及管脚排列图

表 10-1

参数	符号与单位	额定值
最大电源电压	U_{CCmax}（V）	13（有信号时）
允许功耗	P_o（W）	1.2
		2.25（50×50mm² 铜箔散热片）
工作温度	T_{opr}（℃）	-20～+70

表 10-2

参数	符号与单位	测试条件	典型值
工作电压	U_{CC}（V）		9
静态电流	I_{CCQ}（mA）	U_{CC}=9V	15
开环电压增益	A_{Uo}（dB）		70
输出功率	P_o（W）	R_L=4Ω　f=1kHz	1.7
输入阻抗	R_i（kΩ）		20

与 LA4112 集成功放块技术指标相同的国内外产品还有 FD403、FY4112、D4112 等，可以互相替代使用。

集成功率放大器 LA4112 的应用电路如图 10-3 所示，该电路中各电容和电阻的作用简要说明如下：C_1、C_9 为输入、输出耦合电容，隔直作用；C_2 和 R_f 为反馈元件，决定电路的闭环增益；C_3、C_4、C_8 为滤波、退耦电容；C_5、C_6、C_{10} 为消振电容，消除寄生振荡；C_7 为自举电容，若无此电容，将出现输出波形半边被削波的现象。

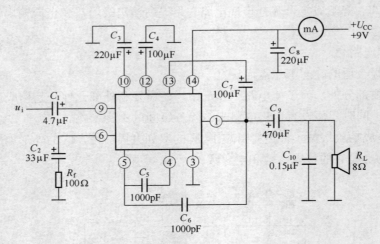

图 10-3　由 LA4112 构成的集成功放实验电路

三、实验设备

（1）+9V 直流电源

（2）函数信号发生器

（3）双踪示波器

（4）交流毫伏表

（5）直流电压表

（6）电流毫安表

（7）频率计

（8）集成功放块 LA4112

（9）8Ω扬声器

（10）电阻、电容若干

四、实验内容与步骤

按图 10-3 连接实验电路，输入端接函数信号发生器，输出端接扬声器。

（1）静态测试。

将输入信号旋钮旋至零，接通+9V 直流电源，测量静态总电流及集成块各引脚对地电压，记入自拟表格中。

（2）动态测试。

1）最大输出功率。

①接入自举电容 C_7。

输入端接 1kHz 的正弦信号，输出端用示波器观察输出电压波形，逐渐加大输入信号幅度，使输出电压为最大不失真输出，用交流毫伏表测量此时的输出电压 U_{om}，则最大输出功率

$$P_{om} = \frac{U_{om}^2}{R_L}$$

②断开自举电容 C_7。

观察输出电压波形变化情况。

2）输入灵敏度。

要求 $U_i < 100\text{mV}$，测试方法同实验九。

3）频率响应。

测试方法同实验九。

4）噪声电压。

要求 $U_N < 2.5\text{mV}$，测试方法同实验九。

（3）试听。

五、预习要求

（1）复习有关集成功率放大器部分内容。

（2）思考如何由+12V 直流电源获得+9V 直流电源。

六、注意事项

（1）电源电压不允许超过极限值，不允许极性接反，否则集成块将遭损坏。

（2）电路工作时绝对要避免负载短路，否则将烧毁集成块。

（3）接通电源后，时刻注意集成块的温度。有时，未加输入信号集成块就发热过甚，同时直流毫安表指示出较大电流及示波器显示出幅度较大、频率较高的波形，说明电路有自激现象，应立即关机，然后进行故障分析和处理，待自激振荡消除后才能重新进行实验。

（4）输入信号不要过大。

七、思考题

（1）若将电容 C_7 除去，将会出现什么现象？

（2）若在无输入信号时，从接在输出端的示波器上观察到频率较高的波形，这正常吗？如何消除？

八、实验总结

（1）整理实验数据，并进行分析。

（2）画频率响应曲线。

（3）讨论实验中发生的问题及解决办法。

实验十一　直流稳压电源（I）——串联型晶体管稳压电源

一、实验目的

（1）研究单相桥式整流、电容滤波电路的特性。
（2）掌握串联型晶体管稳压电源主要技术指标的测试方法。

二、实验原理

电子设备一般都需要直流电源供电。这些直流电除了少数直接利用干电池和直流发电机外，大多数是采用把交流电（市电）转变为直流电的直流稳压电源。

直流稳压电源由电源变压器、整流、滤波和稳压电路 4 部分组成，其原理框图如图 11-1 所示。电网供给的交流电压 u_1（220V，50Hz）经电源变压器降压后，得到符合电路需要的交流电压 u_2，然后由整流电路变换成方向不变、大小随时间变化的脉动电压 u_3，再用滤波器滤去其交流分量，即可得到比较平直的直流电压 u_1。但这样的直流输出电压，还会随交流电网电压的波动或负载的变动而变化。在对直流供电要求较高的场合，还需要使用稳压电路，以保证输出直流电压更加稳定。

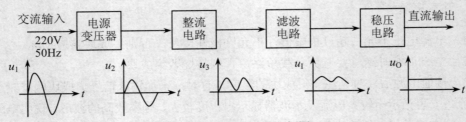

图 11-1　直流稳压电源框图

图 11-2 所示是由分立元件组成的串联型稳压电源的电路图。其整流滤波部分为单相桥式整流、电容滤波电路；稳压部分为串联型稳压电路，它由调整元件（晶体管 VT_1），比较放大器 VT_2、R_7，取样电路 R_1、R_2、R_W，基准电压 VD_W、R_3 和过流保护电路 VT_3 管及电阻 R_4、R_5、R_6 等组成。整个稳压电路是一个具有电压串联负反馈的闭环系统，其稳压过程为：当电网电压波动或负载变动引起输出直流电压发生变化时，取样电路取出输出电压的一部分送入比较放大器，并与基准电压进行比较，产生的误差信号经 VT_2 放大后送至调整管 VT_1 的基极，使调整管改变其管压降，以补偿输出电压的变化，从而达到稳定输出电压的目的。

由于在稳压电路中，调整管与负载串联，因此流过它的电流与负载电流一样大。当输出电流过大或发生短路时，调整管会因电流过大或电压过高而损坏，所以需要对调整管加以保护。在图 11-2 所示的电路中，晶体管 VT_3、R_4、R_5、R_6 组成减流型保护电路。此电路

设计在 $I_{OP}=1.2I_O$ 时开始起保护作用，此时输出电流减小，输出电压降低。故障排除后电路应能自动恢复正常工作。在调试时，若保护提前作用，应减少 R_6 值；若保护作用迟后，则应增大 R_6 值。

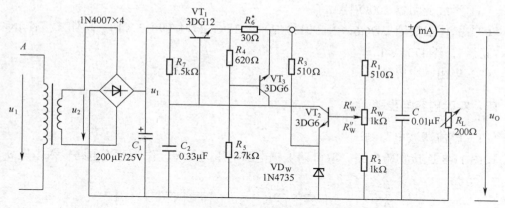

图 11-2   串联型稳压电源实验电路

稳压电源的主要性能指标：

（1）输出电压 U_O 和输出电压调节范围。

$$U_O = \frac{R_1 + R_W + R_2}{R_2 + R_W''}(U_Z + U_{BE2})$$

调节 R_W 可以改变输出电压 U_O。

（2）最大负载电流 I_{Om}。

（3）输出电阻 R_O。

输出电阻 R_O 的定义为：当输入电压 U_I（指稳压电路输入电压）保持不变，由于负载变化而引起的输出电压变化量与输出电流变化量之比，即

$$R_O = \frac{\Delta U_O}{\Delta I_O}\bigg|_{U_I=常数}。$$

（4）稳压系数 S（电压调整率）。

稳压系数定义为：负载保持不变，输出电压相对变化量与输入电压相对变化量之比，即

$$S = \frac{\Delta U_O / U_O}{\Delta U_I / U_I}\bigg|_{R_L=常数}$$

由于工程上常把电网电压波动±10%作为极限条件，因此也有将此时输出电压的相对变化 $\Delta U_O/U_O$ 作为衡量指标的，称为电压调整率。

（5）纹波电压。

输出纹波电压是指在额定负载条件下，输出电压中所含交流分量的有效值（或峰值）。

三、实验设备

（1）可调工频电源

（2）双踪示波器

（3）交流毫伏表

（4）直流电压表

（5）直流毫安表

（6）滑线变阻器 200Ω/1A

（7）晶体三极管 3DG6×2（9011×2）和 3DG12×1（9013×1）、晶体二极管 IN4007×4、稳压管 IN4735×1

（8）电阻、电容若干

四、实验内容与步骤

（1）整流滤波电路测试。

按图 11-3 连接实验电路。取可调工频电源电压为 14V，作为整流电路输入电压 u_2。

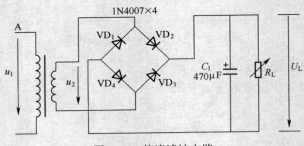

图 11-3　整流滤波电路

1）取 R_L=240Ω，不加滤波电容 C_1，测量直流输出电压 U_L，并用示波器观察 u_L 波形，记入表 11-1。

2）取 R_L=240Ω，C=470μF，重复内容 1）的要求，记入表 11-1。

表 11-1　U_2=14V

电路形式	U_2（V）	U_L（V）	u_L 波形
R_L=240Ω			
R_L=240Ω C=470μF			
R_L=120Ω C=470μF			

3）取 R_L=120Ω，C_1=470μF，重复内容 1）的要求，记入表 11-1。

（2）串联型稳压电源性能测试。

切断工频电源，在图 11-3 的基础上按图 11-2 连接实验电路。

1）测量输出电压可调范围。

接入负载 R_L（滑线变阻器），并调节 R_L，使输出电流 I_O≈50mA。再调节电位器 R_W，测量输出电压可调范围 U_{Omin}～U_{Omax} 并记入表 11-2。且使 R_W 动点在中间位置附近时 U_O=9V。若不满足要求，可适当调整 R_1、R_2 值。

表 11-2

U_{Omin}（V）	U_{Omax}（V）

2）测量各级静态工作点。

调节输出电压 U_O=9V，输出电流 I_O=50mA，测量各级静态工作点，记入表 11-3。

表 11-3　U_2=14V　U_O=9V　I_O=50mA

	VT_1	VT_2	VT_3
U_B（V）			
U_C（V）			
U_E（V）			

3）测量稳压系数 S。

取 I_O=50mA，按表 11-4 改变整流电路输入电压 U_2（模拟电网电压波动），分别测出相应的稳压器输入电压 U_I 及输出直流电压 U_O，记入表 11-4。

表 11-4　I_O=50mA

测试值			计算值
U_2（V）	U_I（V）	U_O（V）	S
10			S_{12}=
14		9	S_{23}=
17			

4）测量输出电阻 R_O。

取 U_2=14V，改变滑线变阻器位置，使 I_O 为空载、50mA 和 70mA，测量相应的 U_O 值，记入表 11-5。

5）测量输出纹波电压。

取 U_2=14V，U_O=9V，I_O=50mA，测量输出纹波电压 U_O，记录之。

*6）调整过流保护电路。

①断开工频电源，接上保护回路，再接通工频电源，调节 R_W 及 R_L 使 U_O=9V，I_O=50mA，

此时保护电路应不起作用。测出 VT_3 管各极的电位值。

表 11-5　U_2=14V

测试值		计算值
I_O（mA）	U_O（V）	R_O（Ω）
空载		$R_{O12}=$
50	9	$R_{O23}=$
70		

　　②逐渐减小 R_L，使 I_O 增加到 80mA，观察 U_O 是否下降，并测出保护起作用时 VT_3 管各极的电位值。若保护作用过早或迟后，可改变 R_6 值进行调整。

　　③用导线瞬时短接一下输出端，测量 U_O 值，然后去掉导线，检查电路是否能自动恢复正常工作。

五、预习要求

　　（1）复习有关分立元件稳压电源部分的内容，并根据实验电路参数估算 U_O 的可调范围及 U_O=12V 时 VT_1 和 VT_2 管的静态工作点（假设调整管的饱和压降 $U_{CE1S}\approx1V$）。

　　（2）说明图 11-2 中 U_2、U_1、U_O 及 $\tilde{U}_O$ 的物理意义，并从实验仪器中选择合适的测量仪表。

　　（3）在桥式整流电路实验中，能否用双踪示波器同时观察 u_2 和 u_L 波形，为什么？

　　（4）分析保护电路的工作原理。

六、注意事项

　　（1）每次改接电路时，必须切断工频电源。

　　（2）在观察输出电压 u_L 波形的过程中，"Y 轴灵敏度"旋钮位置调好以后不要再变动，否则将无法比较各波形的脉动情况。

　　（3）在测电流的时候，注意用的是直流电流表。

七、思考题

　　（1）在桥式整流电路中，如果某个二极管发生开路、短路或反接 3 种情况，将会出现什么问题？

　　（2）为了使稳压电源的输出电压 U_O=12V，则其输入电压的最小值 U_{Imin} 应等于多少？交流输入电压 U_{2min} 又怎样确定？

　　（3）当稳压电源输出不正常或输出电压 U_O 不随取样电位器 R_w 而变化时，应如何进行检查找出故障所在？

　　（4）怎样提高稳压电源的性能指标（减小 S 和 R_O）？

八、实验报告要求

（1）对表 11-1 所测的结果进行全面分析，总结桥式整流、电容滤波电路的特点。

（2）根据表 11-4 和表 11-5 所测的数据，计算稳压电路的稳压系数 S 和输出电阻 R_O，并进行分析。

（3）分析讨论实验中出现的故障及其排除方法。

实验十二 直流稳压电源（Ⅱ）——集成稳压器

一、实验目的

（1）研究集成稳压器的特点和性能指标的测试方法。

（2）了解集成稳压器扩展性能的方法。

二、实验原理

随着半导体工艺的发展，稳压电路也制成了集成器件。由于集成稳压器具有体积小、外接线路简单、使用方便、工作可靠和通用性强等优点，因此在各种电子设备中应用十分普遍，基本上取代了由分立元件构成的稳压电路。集成稳压器的种类很多，应根据设备对直流电源的要求来进行选择。对于大多数电子仪器、设备和电子电路来说，通常是选用串联线性集成稳压器。而在这种类型的器件中，又以三端式稳压器应用最为广泛。

W7800、W7900 系列三端式集成稳压器的输出电压是固定的，在使用中不能进行调整。W7800 系列三端式稳压器输出正极性电压，一般有 5V、6V、9V、12V、15V、18V、24V 七个档次，输出电流最大可达 1.5A（加散热片）。同类型 78M 系列稳压器的输出电流为 0.5A，78L 系列稳压器的输出电流为 0.1A。若要求负极性输出电压，则可选用 W79XX 系列稳压器。

图 12-1 所示为 W78XX 系列的外形和接线图。

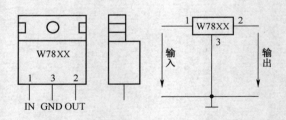

图 12-1 W78XX 系列外形及接线图

它有 3 个引出端：

输入端（不稳定电压输入端）：标以"1"。

输出端（稳定电压输出端）：标以"2"。

公共端：标以"3"。

除固定输出三端稳压器外，还有可调式三端稳压器，后者可通过外接元件对输出电压进行调整，以适应不同的需要。

本实验所用集成稳压器为三端固定正稳压器 W7805，它的主要参数有：输出直流电压 U_O=+5V，输出电流 L：0.1A，M：0.5A，电压调整率 10mV/V，输出电阻 R_O=0.15Ω，输入电

压 U_I 的范围为 8~10V。因为一般 U_I 要比 U_O 大 3~5V 才能保证集成稳压器工作在线性区。

图 12-2 所示是用三端式稳压器 W7805 构成的单电源电压输出串联型稳压电源的实验电路图。其中整流部分采用了由 4 个二极管组成的桥式整流器成品（又称桥堆），型号为 2W06（或 KBP306），内部接线和外部管脚引线如图 12-3 所示。滤波电容 C_1、C_2 一般选取几百至几千微法。当稳压器距离整流滤波电路比较远时，在输入端必须接入电容器 C_3（数值为 0.33μF），以抵消线路的电感效应，防止产生自激振荡。输出端电容 C_4（0.1μF）用以滤除输出端的高频信号，改善电路的暂态响应。

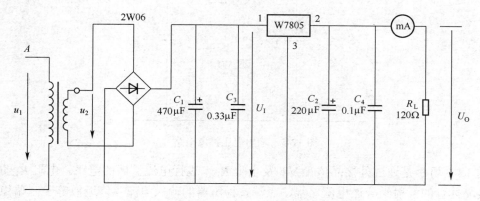

图 12-2　W7805 构成的串联型稳压电源

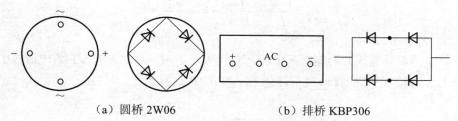

（a）圆桥 2W06　　　　　　（b）排桥 KBP306

图 12-3　桥堆管脚图

图 12-4 所示为正、负双电压输出电路，例如需要 U_{O1}=+5V，U_{O2}=-5V，则可选用 W7805 和 W7905 三端稳压器，这时的 U_I 应为单电压输出时的两倍。

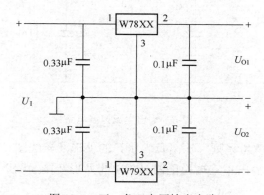

图 12-4　正、负双电压输出电路

　　当集成稳压器本身的输出电压或输出电流不能满足要求时，可通过外接电路来进行性能扩展。图 12-5 所示是一种简单的输出电压扩展电路。如 W7805 稳压器的 2、3 端间输出电压为 5V，因此只要适当选择 R 的值，使稳压管 VD_W 工作在稳压区，则输出电压 $U_O = 5 + U_z$，可以高于稳压器本身的输出电压。

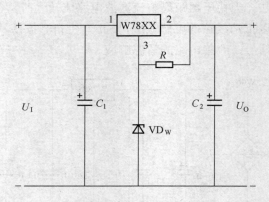

图 12-5　输出电压扩展电路

　　图 12-6 所示是通过外接晶体管 VT 及电阻 R_1 来进行电流扩展的电路。电阻 R_1 的阻值由外接晶体管的发射结导通电压 U_{BE}、三端式稳压器的输入电流 I_I（近似等于三端稳压器的输出电流 I_{O1}）和 VT 的基极电流 I_B 来决定，即

$$R_1 = \frac{U_{BE}}{I_R} = \frac{U_{BE}}{I_I - I_B} = \frac{U_{BE}}{I_{O1} - \dfrac{I_C}{\beta}}$$

　　式中：I_C 为晶体管 VT 的集电极电流，它应等于 $I_C = I_O - I_{O1}$；β 为 VT 的电流放大系数；对于锗管 U_{BE} 可按 0.3V 估算，对于硅管 U_{BE} 按 0.7V 估算。

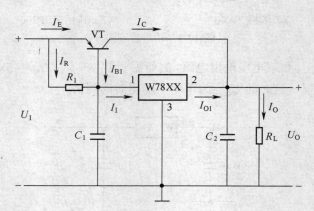

图 12-6　输出电流扩展电路

　　图 12-7 所示为 W79XX 系列（输出负电压）的外形及接线图。
　　图 12-8 所示为可调输出正三端稳压器 W317 的外形及接线图。

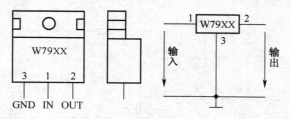

图 12-7　W79XX 系列的外形及接线图

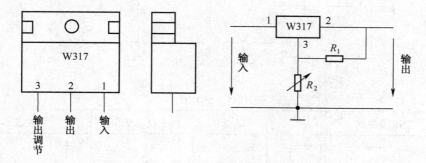

图 12-8　W317 的外形及接线图

输出电压计算公式　　　　$U_O \approx 1.25\left(1+\dfrac{R_2}{R_1}\right)$

最大输入电压　　　　$U_{Im} = 40V$

输出电压范围　　　　$U_O = 1.2 \sim 37$

三、实验设备

（1）可调工频电源

（2）双踪示波器

（3）交流毫伏表

（4）直流电压表

（5）直流毫安表

（6）三端稳压器 W7805、W7815、W7915、W317

（7）桥堆 2WO6（或 KBP306）

（8）电阻、电容若干

四、实验内容与步骤

（1）整流滤波电路测试。

按图 12-9 连接实验电路，取可调工频电源 10V 电压作为整流电路输入电压 u_2。接通工频电源，测量输出端直流电压 U_L，用示波器观察 u_2、U_L 的波形，把数据及波形记入表 12-1 中。

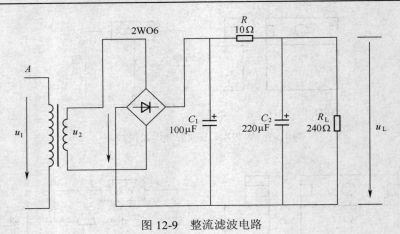

图 12-9　整流滤波电路

表 12-1　U_2=10V

电路形式		U_2（V）	U_L（V）	u_L 波形
R_L=240Ω				
R_L=240Ω C_1=100μF C_2=220μF				
R_L=120Ω C_1=100μF C_2=220μF				

（2）集成稳压器性能测试。

断开工频电源，按图 12-2 改接实验电路，取负载电阻 R_L=120Ω。

1）初测。

接通工频 6V 电源，测量 U_2 值；测量滤波电路输出电压 U_I（稳压器输入电压），集成稳压器输出电压 U_O，它们的数值应与理论值大致符合，否则说明电路出了故障。设法查找故障并加以排除。电路经初测进入正常工作状态后，才能进行各项指标的测试。

2）各项性能指标测试。

①输出电压 U_O 和最大输出电流 I_{Omax} 的测量。

在输出端接负载电阻 R_L=120Ω，由于 7805 输出电压 U_O=5V，因此流过 R_L 的电流 $I_{Omax} = \dfrac{5}{120} = 40\text{mA}$。这时 U_O 应基本保持不变，若变化较大则说明集成块性能不良。

②稳压系数 S 的测量。

取 I_O=40mA，按表 12-2 改变整流电路输入电压 U_2（模拟电网电压波动），分别测出相应的稳压器输入电压 U_I 及输出直流电压 U_O，记入表 12-2。

表 12-2　I_O=40mA

测试值			计算值
U_2（V）	U_I（V）	U_O（V）	S
6			S_{12}=
10		5	S_{23}=
14			

③测量输出电阻 R_O。

取 U_2=10V，改变滑线变阻器位置，使 I_O 为空载、50mA 和 70mA，测量相应的 U_O 值，记入表 12-3。

表 12-3　U_2=10V

测试值		计算值
I_O（mA）	U_O（V）	R_O（Ω）
空载		R_{O12}=
20		R_{O23}=
40	5	

④测量输出纹波电压。

取 U_2=10V，U_O=5V，I_O=40mA，测量输出纹波电压 U_O，记录之。

*3）集成稳压器性能扩展。

根据实验器材，选取图 12-4、图 12-5 或图 12-8 中的各元器件，并自拟测试方法与表格，记录实验结果。

*时间不够可不做。

五、预习要求

（1）复习有关集成稳压器部分的内容。

（2）列出实验内容中所要求的各种表格。

（3）在测量稳压系数 S 和内阻 R_O 时，应怎样选择测试仪表？

六、注意事项

（1）每次改接电路时，必须切断工频电源。

（2）在观察输出电压 u_L 波形的过程中，"Y 轴灵敏度"旋钮位置调好以后不要再变动，否则将无法比较各波形的脉动情况。

（3）在测电流的时候，注意用的是直流电流表。

七、思考题

（1）在桥式整流电路中，如果某个二极管发生开路、短路和反接 3 种情况，将会出现什么问题？

（2）为了使稳压电源的输出电压 $U_O=12V$，则其输入电压的最小值 U_{Imin} 应等于多少？交流输入电压 U_{2min} 又怎样确定？

（3）当稳压电源输出不正常或输出电压 U_O 不随取样电位器 R_W 而变化时，应如何进行检查来找出故障所在？

（4）怎样提高稳压电源的性能指标（减小 S 和 R_O）？

八、实验报告要求

（1）对表 12-1 所测结果进行全面分析，总结桥式整流、电容滤波电路的特点。

（2）根据表 12-2 和表 12-3 所测数据，计算稳压电路的稳压系数 S 和输出电阻 R_O，并进行分析。

（3）分析讨论实验中出现的故障及其排除方法。

九、实验报告要求

（1）整理实验数据，计算 S 和 R_O，并与手册上的典型值进行比较。

（2）分析讨论实验中发生的现象和问题。

实验十三　晶闸管可控整流电路

一、实验目的

（1）学习单结晶体管和晶闸管的简易测试方法。
（2）熟悉单结晶体管触发电路（阻容移相桥触发电路）的工作原理及调试方法。
（3）熟悉用单结晶体管触发电路控制晶闸管调压电路的方法。

二、实验原理

可控整流电路的作用是把交流电变换为电压值可以调节的直流电。图 13-1 所示为单相半控桥式整流实验电路。主电路由负载 R_L（灯炮）和晶闸管 VT_1 组成，触发电路为单结晶体管 VT_2 及一些阻容元件构成的阻容移相桥触发电路。改变晶闸管 VT_1 的导通角，便可调节主电路的可控输出整流电压（或电流）的数值，这点可由灯炮负载的亮度变化看出。晶闸管导通角的大小决定于触发脉冲的频率 f，由公式

$$f = \frac{1}{RC} \ln\left(\frac{1}{1-\eta}\right)$$

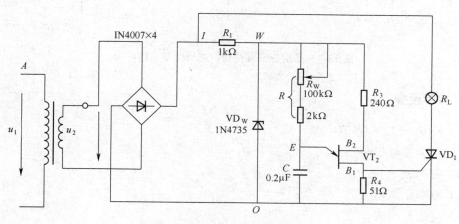

图 13-1　单相半控桥式整流实验电路

可知，当单结晶体管的分压比 η（一般在 0.5～0.8 之间）及电容 C 值固定时，则频率 f 大小由 R 决定，因此通过调节电位器 R_w 使可以改变触发脉冲频率，主电路的输出电压也随之改变，从而达到可控调压的目的。

用万用表的电阻挡（或用数字万用表二极管挡）可以对单结晶体管和晶闸管进行简易测试。

图 13-2 所示为单结晶体管 BT33 管脚排列、结构图及电路符号。好的单结晶体管 PN

结正向电阻 R_{EB1}、R_{EB2} 均较小，且 R_{EB1} 稍大于 R_{EB2}，PN 结的反向电阻 R_{B1E}、R_{B2E} 均应很大，根据所测阻值即可判断出各管脚及管子的质量优劣。

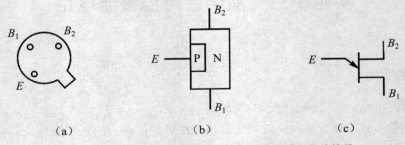

$$（a）\qquad\qquad（b）\qquad\qquad（c）$$

图 13-2　单结晶体管 BT33 管脚排列、结构图及电路符号

图 13-3 所示为晶闸管 3CT3A 管脚排列、结构图及电路符号。晶闸管阳极（A）—阴极（K）及阳极（A）—门极（G）之间的正、反向电阻 R_{AK}、R_{KA}、R_{AG}、R_{GA} 均应很大，而 G—K 之间为一个 PN 结，PN 结正向电阻应较小，反向电阻应很大。

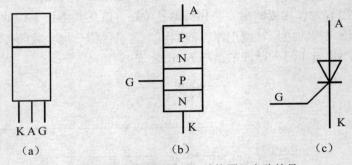

$$（a）\qquad\qquad（b）\qquad\qquad（c）$$

图 13-3　晶闸管管脚排列、结构图及电路符号

三、实验设备

（1）±5V、±12V 直流电源

（2）可调工频电源

（3）万用表

（4）双踪示波器

（5）交流毫伏表

（6）直流电压表

（7）晶闸管 3CT3A、单结晶体管 BT33、二极管 IN4007×4、稳压管 IN4735、灯炮 12V/0.1A

四、实验内容与步骤

（1）单结晶体管的简易测试。

用万用表 $R×10\Omega$ 挡分别测量 EB_1、EB_2 间正、反向电阻，记入表 13-1。

表 13-1

R_{EB1}（Ω）	R_{EB2}（Ω）	R_{B1E}（kΩ）	R_{B2E}（kΩ）	结论

（2）晶闸管的简易测试。

用万用表 $R \times 1k$ 挡分别测量 A-K、A-G 间正、反向电阻；用 $R \times 10Ω$ 挡测量 G-K 间正、反向电阻，记入表 13-2。

表 13-2

R_{AK}（kΩ）	R_{KA}（kΩ）	R_{AG}（kΩ）	R_{GA}（kΩ）	R_{GK}（kΩ）	R_{KG}（kΩ）	结论

（3）晶闸管导通，关断条件测试。

断开±12V、±5V 直流电源，按图 13-4 连接实验电路。

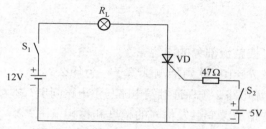

图 13-4　晶闸管导通、关断条件测试

1）晶闸管阳极加 12V 正向电压，门极 a）开路 b）加 5V 正向电压，观察管子是否导通（导通时灯炮亮，关断时灯炮熄灭），管子导通后，c）去掉+5V 门极电压、d）反接门极电压（接−5V），观察管子是否继续导通。

2）晶闸管导通后，a）去掉+12V 阳极电压、b）反接阳极电压（接−12V），观察管子是否关断，记录之。

（4）晶闸管可控整流电路。

按图 13-1 连接实验电路。取可调工频电源 14V 电压作为整流电路输入电压 u_2，电位器 R_W 置中间位置。

1）单结晶体管触发电路。

①断开主电路（把灯炮取下），接通工频电源，测量 U_2 值。用示波器依次观察并记录交流电压 u_2、整流输出电压 u_I（I-O）、削波电压 u_W（W-O）、锯齿波电压 u_E（E-O）、触发输出电压 u_{B1}（B_1-O）。记录波形时，注意各波形间的对应关系，并标出电压幅度及时间，记入表 13-3。

表 13-3

u_2	u_I	u_W	u_E	u_{B1}	移相范围

②改变移相电位器 R_W 阻值，观察 u_E 及 u_{B1} 波形的变化及 u_{B1} 的移相范围，记入表13-3。

2）可控整流电路。

断开工频电源，接入负载灯泡 R_L，再接通工频电源，调节电位器 R_W，使电灯由暗到中等亮，再到最亮，用示波器观察晶闸管两端电压 u_{T1}、负载两端电压 u_L，并测量负载直流电压 U_L 及工频电源电压 U_2 有效值，记入表13-4。

表 13-4

	暗	较亮	最亮
u_L 波形			
u_T 波形			
导通角 θ			
U_L（V）			
U_2（V）			

五、预习要求

（1）复习晶闸管可控整流部分的内容。

（2）可否用万用表 $R \times 10k$ 欧姆挡测试管子，为什么？

（3）为什么可控整流电路必须保证触发电路与主电路同步？本实验是如何实现同步的？

（4）可以采取哪些措施改变触发信号的幅度和移相范围？

（5）能否用双踪示波器同时观察 u_2 和 u_L 或 u_L 和 u_{T1} 的波形？为什么？

六、实验报告要求

（1）总结晶闸管导通、关断的基本条件。

（2）画出实验中记录的波形（注意各波形间的对应关系），并进行讨论。

（3）将实验数据 U_L 与理论计算数据 $U_L = 0.9U_2 \dfrac{1+\cos\alpha}{2}$ 进行比较，并分析产生误差的原因。

（4）分析实验中出现的异常现象。

实验十四　综合实验——用运算放大器组成万用表的设计与调试

一、实验目的

（1）设计由运算放大器组成的万用表。

（2）组装与调试。

二、设计要求

（1）直流电压表：满量程+6V。

（2）直流电流表：满量程 10mA。

（3）交流电压表：满量程 6V，50Hz～1kHz。

（4）交流电流表：满量程 10mA。

（5）欧姆表：满量程分别为 1kΩ、10kΩ、100kΩ。

三、万用表工作原理及参考电路

在测量中，电表的接入应不影响被测电路的原工作状态，这就要求电压表应具有无穷大的输入电阻，电流表的内阻应为 0。但实际上，万用表表头的可动线圈总有一定的电阻，例如 100μA 的表头，其内阻约为 1kΩ，用它进行测量时将影响测量，引起误差。此外，交流电表中的整流二极管的压降和非线性特性也会产生误差。如果在万用表中使用运算放大器，就能大大降低这些误差，提高测量精度。在欧姆表中采用运算放大器，不仅能得到线性刻度，还能实现自动调零。

（1）直流电压表。

图 14-1 所示为同相端输入、高精度直流电压表电原理图。

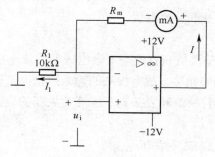

图 14-1　直流电压表

为了减小表头参数对测量精度的影响，将表头置于运算放大器的反馈回路中，这时流经表头的电流与表头的参数无关，只要改变 R_1 一个电阻，即可进行量程的切换。

表头电流 I 与被测电压 U_i 的关系为

$$I = \frac{U_i}{R_1}$$

应当指出：图 14-1 适用于测量电路与运算放大器共地的有关电路。此外，当被测电压较高时，在运放的输入端应设置衰减器。

（2）直流电流表。

图 14-2 所示是浮地直流电流表的电原理图。在电流测量中，浮地电流的测量是普遍存在的，例如，若被测电流无接地点就属于这种情况。为此，应把运算放大器的电源也对地浮动，按此种方式构成的电流表就可以像常规电流表那样，串联在任何电流通路中测量电流。

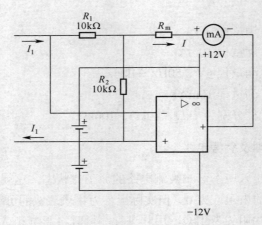

图 14-2　直流电流表

表头电流 I 与被测电流 I_1 间的关系为：

$$\because -I_1 R_1 = (I_1 - I) R_2$$

$$\therefore I = \left(1 + \frac{R_1}{R_2}\right) I_1$$

可见，改变电阻比（R_1/R_2），可调节流过电流表的电流，以提高灵敏度。如果被测电流较大时，应给电流表表头并联分流电阻。

（3）交流电压表。

由运算放大器、二极管整流桥和直流毫安表组成的交流电压表如图 14-3 所示。被测交流电压 u_i 加到运算放大器的同相端，故有很高的输入阻抗，又因为负反馈能减小反馈回路中的非线性影响，故把二极管桥路和表头置于运算放大器的反馈回路中，以减小二极管本身非线性的影响。

表头电流 I 与被测电压 U_i 的关系为

$$I = \frac{U_i}{R_1}$$

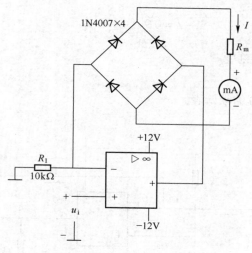

图 14-3　交流电压表

电流 I 全部流过桥路，其值仅与 U_i/R_1 有关，与桥路和表头参数（如二极管的死区等非线性参数）无关。表头中电流与被测电压 u_i 的全波整流平均值成正比，若 u_i 为正弦波，则表头可按有效值来刻度。被测电压的上限频率决定于运算放大器的频带和上升速率。

（4）交流电流表。

图 14-4 所示为浮地交流电流表，表头读数由被测交流电流 i 的全波整流平均值 I_{1AV} 决定，即 $I = \left(1 + \dfrac{R_1}{R_2}\right) I_{1AV}$。

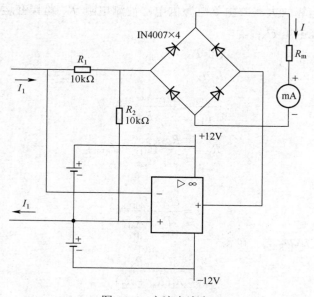

图 14-4　交流电流表

如果被测电流 i 为正弦电流，即 $i_1 = \sqrt{2}\, I_1 \sin\omega t$，则上式可写为

$$I = 0.9\left(1 + \frac{R_1}{R_2}\right)I_1$$

则表头可按有效值来刻度。

（5）欧姆表。

图 14-5 所示为多量程的欧姆表。

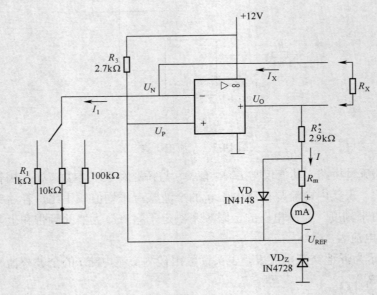

图 14-5　欧姆表

在此电路中，运算放大器改由单电源供电，被测电阻 R_X 跨接在运算放大器的反馈回路中，同相端加基准电压 U_{REF}。

因为　　　　　　　　　　$U_P = U_N = U_{REF}$

　　　　　　　　　　　　　$I_1 = I_X$

$$\frac{U_{REF}}{R_1} = \frac{U_O - U_{REF}}{R_X}$$

故　　　　　　　　　$R_X = \frac{R_1}{U_{REF}}(U_O - U_{REF})$

流经表头的电流

$$I = \frac{U_O - U_{REF}}{R_2 + R_m}$$

由上两式消去 $(U_O - U_{REF})$，可得

$$I = \frac{U_{REF}R_X}{R_1(R_m + R_2)}$$

可见，电流 I 与被测电阻成正比，而且表头具有线性刻度，改变 R_1 值可改变欧姆表的量程。这种欧姆表能自动调零，当 $R_X = 0$ 时，电路变成电压跟随器，$U_O = U_{REF}$，故表头电流为 0，从而实现了自动调零。

二极管 VD 起保护电表的作用，如果没有 VD，当 R_X 超量程时，特别是当 $R_X \to \infty$，运算放大器的输出电压将接近电源电压，使表头过载。有了 VD 就可以使输出钳位，防止表头过载。调整 R_2，可实现满量程调节。

四、电路设计

（1）万用表的电路是多种多样的，建议用参考电路设计一只较完整的万用表。

（2）万用表作电压、电流或欧姆测量时，和进行量程切换时应用开关切换，但实验时可用引接线切换。

五、实验设备

（1）表头：灵敏度为 1mA，内阻为 100Ω

（2）运算放大器：μA741

（3）电阻：均采用 $\frac{1}{4}$W 的金属膜电阻器

（4）二极管：IN4007×4、IN4148

（5）稳压管：IN4728

六、注意事项

（1）在连接电源时，正、负电源连接点上各接大容量的滤波电容和 0.01μF～0.1μF 的小电容，以消除通过电源产生的干扰。

（2）万用表的电性能测试要用标准电压、电流表校正，欧姆表用标准电阻校正。考虑实验要求不高，建议用数字式 $4\frac{1}{2}$ 位万用表作为标准表。

七、实验报告要求

（1）画出完整的万用表的设计电路原理图。

（2）将万用表与标准表作测试比较，计算万用表各功能挡的相对误差，分析误差的原因。

（3）提交电路改进建议。

（4）总结收获与体会。

实验十五　函数发生器的设计与调试

一、实验目的

（1）掌握方波-三角波-正弦波函数发生器的设计方法与测试技术。
（2）学习函数发生器的安装与调试。
（3）掌握单片多功能集成电路 ICL8038 的典型应用。

二、实验原理

ICL8038 是单片集成函数发生器，其内部原理电路框图和外部引脚排列分别如图 15-1 和图 15-2 所示。

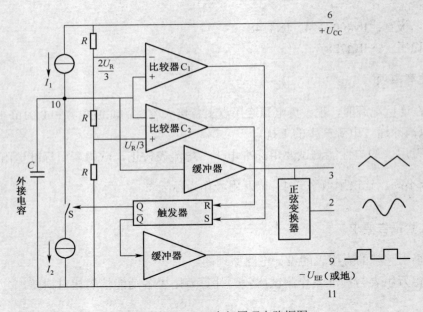

图 15-1　ICL8038 内部原理电路框图

在图 15-1 中，ICL8038 由恒流源 I_1、I_2，电压比较器 C_1、C_2 和触发器等组成。电压比较器 C_1、C_2 的门限电压分别为 $\frac{2}{3}U_R$ 和 $\frac{1}{3}U_R$（$U_R = U_{CC} + U_{EE}$），电流源 I_1 和 I_2 的大小可通过外接电阻调节，且 I_2 必须大于 I_1。当触发器的 Q 端输出为低电平时，它控制开关 S 使电流源 I_2 断开。而电流源 I_1 则向外接电容 C 充电，使电容两端电压 U_C 随时间线性上升，当 U_C 上升到 $U_C = 2U_R/3$ 时，比较器 C_1 输出发生跳变，使触发器输出端 Q 由低电平变为高电平，控制开关 S 使电流源 I_2 接通。由于 $I_2 > I_1$，因此电容 C 放电，U_C 随时间线性下降。当 U_C 下降到 $U_C \leqslant U_R/3$ 时，比较器 C_2 输出发生跳变，使触发器输出端 Q 又由高电平变为低电平，

I_2 再次断开，I_1 再次向 C 充电，U_C 又随时间线性上升。如此周而复始，产生振荡，若 $I_2=2I_1$，U_C 上升时间与下降时间相等，就产生三角波输出到脚 3。而触发器输出的方波经缓冲器输出到脚 9。三角波经正弦波变换器变成正弦波后由脚 2 输出。当 $I_1<I_2<2I_1$ 时，U_C 的上升时间与下降时间不相等，管脚 3 输出锯齿波。因此，ICL8038 能输出方波、三角波、正弦波和锯齿波 4 种不同的波形。

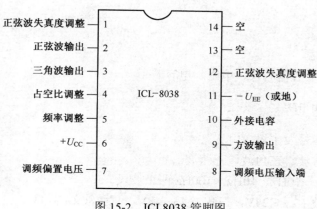

图 15-2　ICL8038 管脚图

ICL8038 的典型应用：

由图 15-2 可见，管脚 8 为调频电压控制输入端，管脚 7 输出调频偏置电压，其值（指管脚 6 与 7 之间的电压）是 $(U_{CC}+U_{EE})/5$，它可作为管脚 8 的输入电压。此外，该器件的方波输出端为集电极开路形式，一般需要在正电源与 9 脚之间外接一电阻，其值常选用 10kΩ 左右，如图 15-3 所示。当电位器 R_{P1} 动端在中间位置，并且图中管脚 8 与 7 短接时，管脚 9、3 和 2 的输出分别为方波、三角波和正弦波。电路的振荡频率 f 约为 $0.3/[(R_1+0.5R_{P1})C]$。调节 R_{P1}、R_{P2} 可使正弦波的失真达到较理想的程度。

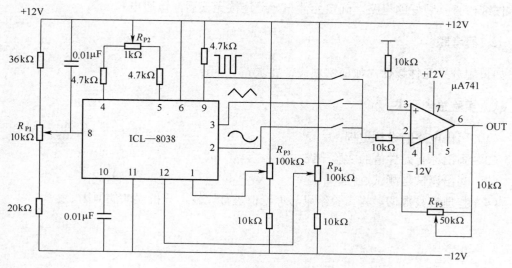

图 15-3　函数发生器电路图

三、实验设备与器件

（1）+12V 直流电源
（2）ICL8038 芯片
（3）双踪示波器
（4）频率计
（5）交流毫伏表
（6）直流电压表
（7）集成运算放大器芯片、电阻、电容若干

四、实验内容和步骤

设计一台函数信号发生器。
输出波形为：方波、三角波、正弦波。
频率范围：1Hz～10Hz、10Hz～100Hz 两个波段。
输出电压：方波 $U_{P-P} \leq 24V$，三角波 $U_{P-P}=8V$，正弦波 $U_{P-P}>1V$。

五、预习要求

（1）复习有关函数发生器的内容。
（2）翻阅有关 ICL8038 的资料，熟悉管脚的排列及其功能。
（3）制定出实验方案，选择实验用的仪器设备并自拟实验步骤进行实验操作。
（4）自行设计合适的测试数据表格，用于填写实验数据。

六、注意事项

仔细检查安装好的电路，确定元件与导线连接无误后，接通电源。

七、思考题

如果用分立元件设计，如何实现设计要求？

八、实验报告要求

（1）写出电路的设计过程。
（2）画出标有元件值的实验电路。
（3）写出调试与测试过程。
（4）整理实验数据，将实验结果与理论值进行比较，分析误差的原因。

实验十六　有源滤波器的设计

一、实验目的

（1）学习有源滤波器的设计方法。

（2）掌握有源滤波器的安装与调试方法。

二、实验原理

有源滤波器的设计，就是根据所给定的指标要求，确定滤波器的阶数 n，选择具体的电路形式，算出电路中各元件的具体数值，安装电路和调试，使设计的滤波器满足指标要求，具体步骤如下：

（1）根据阻带衰减速率要求确定滤波器的阶数 n。

（2）选择具体的电路形式。

（3）根据电路的传递函数和归一化滤波器传递函数的分母多项式建立起系数的方程组。

（4）解方程组求出电路中元件的具体数值。

（5）安装电路并进行调试，使电路的性能满足指标要求。

三、实验设备与器件

（1）+12V 直流电源

（2）函数信号发生器

（3）双踪示波器

（4）频率计

（5）交流毫伏表

（6）直流电压表

（7）集成运算放大器芯片、电阻、电容若干

四、实验内容和步骤

（1）设计一个低通滤波器，指标要求为：

截止频率：$f_C = 1\text{kHz}$；通带电压放大倍数：$A_{uo} = 1$；在 $f = 10f_C$ 时，要求幅度衰减大于 35dB。

（2）设计一个高通滤波器，指标要求为：

截止频率：$f_C = 500\text{Hz}$；通带电压放大倍数：$A_{uo} = 5$；在 $f = 0.1f_C$ 时，幅度至少衰减 30dB。

（3）设计一个带通滤波器，指标要求为：

通带中心频率：$f_O = 1\text{kHz}$；通带电压放大倍数：$A_{uo} = 2$；通带带宽：$\Delta f = 100\text{Hz}$。

五、预习要求

（1）复习有关有源滤波器的内容。

（2）按设计内容要求进行理论设计选用滤波器电路，计算电路中各元件的数值。设计出满足技术指标要求的滤波器。

（3）制定出实验方案，选择实验用的仪器设备并自拟实验步骤进行实验操作。

（4）自行设计合适的测试数据表格，用于填写实验数据。

六、注意事项

（1）仔细检查安装好的电路，确定元件与导线连接无误后，接通电源。

（2）在电路的输入端加入 $U_i=1\text{V}$ 的正弦信号，慢慢改变输入信号的频率（注意保持 U_i 的值不变），用晶体管毫伏表观察输出电压的变化，在滤波器的截止频率附近观察电路是否具有滤波特性，若没有滤波特性，应检查电路，找出故障原因并排除之。

七、思考题

（1）有源滤波器和无源滤波器相比，各有什么不同？

（2）有源滤波器的 Q 值大小对滤波电路有何影响？

八、实验报告要求

（1）写出电路的设计过程。

（2）画出标有元件值的实验电路。

（3）写出调试与测试过程。

（4）整理实验数据，将实验结果与理论值进行比较，分析误差原因。

实验十七 音响放大器的设计

一、实验目的

（1）了解集成功率放大器内部电路的工作原理，掌握其外围电路的设计与主要性能参数的测试方法。

（2）掌握音响放大器的设计方法与电子线路系统的装调技术。

二、实验原理

音响放大器的基本组成如图 17-1 所示。

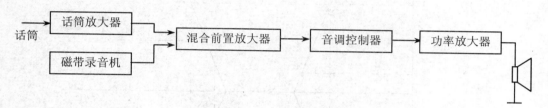

图 17-1　音响放大器组成框图

框图所示各部分的作用如下：

（1）话筒放大器。

话筒又称传声器，其作用是把声音信号转换为电信号，通常将输出阻抗低于 600Ω 的称为低阻话筒，而将输出阻抗高于 600Ω 的称为高阻话筒。此外，选用话筒时还应考虑频率响应、固有噪声等要求。

话筒放大器的作用是高保真地放大较微弱的声音信号。用作话筒放大器的运放组件除了要求输入失调电压小、低噪声外，还要求其输入阻抗远大于话筒的输出阻抗，一般而言，双极性运算放大器适合于低阻抗话筒，FET 型运算放大器适合于高阻抗话筒。

（2）混合前置放大器。

混合前置放大器的作用是把 CD 唱片或磁带录音机的音乐信号与声音信号进行混合放大，通常可用如图 17-2 所示的反相加法器电路构成。图中 U_1 和 U_2 分别为上述的音乐信号和声音信号。

（3）音调控制器。

音调控制器的功能是根据需要按一定的规律调节音响放大器输出信号的频率响应，从而达到补偿声学特性、美化音色等目的。它能对音频范围内的若干个频段点分别进行提升和衰减。某一频段点的理想频率特性控制曲线如图 17-3 所示，而虚线为实际频率特性控制曲线。

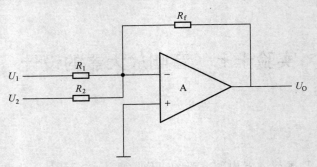

图 17-2　混合前置放大器

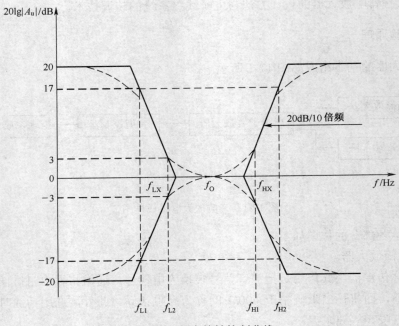

图 17-3　频率特性控制曲线

图中 f_O = 1kHz 为中音频率（亦称中心频率），要求增益 A_{um} =0dB；f_{L1} 为低音转折频率，一般为几十赫兹；f_{L2} = 10f_{L1} 为中音转折频率；f_{H1} 为中音转折频率；f_{H2} = 10f_{H1} 为高音转折频率，一般为几十千赫兹。

由图可见，音调控制器只对低音或高音的增益进行提升或衰减，而保持中音的增益不变。因此，音调控制器电路可由低通滤波器和高通滤波器共同组成。

音调控制器可由运算放大器构成，但目前更多的是由集成电路构成。为了解和掌握音调控制电路的基本原理和分析方法，同学们可参阅相关资料自学。

（4）功率放大器。

功率放大器是模拟系统的末级电路，在这里功率放大器的作用是给音响放大器的负载 R_L（扬声器）提供所需的输出功率。目前功率放大器是分立元件和集成电路并存，分立元件中又是半导体器件与真空管并存。从输出方式看，有变压器输出、无变压器输出（OTL）、无电容器输出（OCL）、无变压器平衡输出（BTL）等。从工作方式则可分为 A 类、B 类、AB 类、D 类、E 类等。

功率放大器的主要性能指标是输出功率、失真度、信噪比、频率响应及效率等。输出功率通常是指输出的平均功率，有时亦用最大功率、最大额定功率等来表示输出功率指标。失真一般是指由放大器非线性引起的总谐波失真（THD）。

三、实验设备与器件

（1）+12V 直流电源
（2）TDA2003 和 TDA2030 芯片
（3）双踪示波器
（4）频率计
（5）交流毫伏表
（6）直流电压表
（7）集成运算放大器芯片、电阻、电容若干

四、实验内容和步骤

设计一音响放大器，要求具有电子混响延时，音调输出控制、卡拉 OK 伴唱，对话筒与录音机的输出信号进行扩音。

主要技术指标：

（1）额定功率 $P_O \geqslant 1W$。
（2）负载阻抗 $R_L = 8\Omega$。
（3）截止频率 $f_L = 40Hz$，$f_H = 10kHz$。
（4）音调控制特性 1kHz 处增益为 0dB，100Hz 和 10kHz 处有 ±12dB 的调节范围，$A_{UL} = A_{UH} \geqslant 20dB$。
（5）输入阻抗 $R_i \gg 20\Omega$。

五、预习要求

（1）复习有关功率放大的内容，自学语音放大的原理。
（2）翻阅有关 TDA2003 和 TDA2030 的资料，熟悉管脚的排列及其功能。
（3）制定出实验方案，选择实验用的仪器设备并自拟实验步骤进行实验操作。
（4）自行设计合适的测试数据表格，用于填写实验数据。

六、注意事项

仔细检查安装好的电路，确定元件与导线连接无误后接通电源。

七、思考题

如果用分立元件设计，如何实现设计要求？

八、实验报告要求

（1）简述音响放大器每一级的静态调试过程，并记录各级的静态数据。

（2）简述各级放大倍数的调节过程，并记录各级放大倍数。

（3）记录音响放大器输入电阻、频率特性测试过程和数据，并与设计值进行比较，分析误差原因。

（4）记录音调控制器频率特性测试过程和数据，并和设计值进行比较，分析误差原因。绘制音调控制器频率特性曲线。

实验十八　直流稳压电源的设计

一、实验目的

（1）学习基本理论在实践中综合运用的初步经验，掌握模拟电路设计的基本方法、设计步骤，培养综合设计与调试能力。

（2）学会直流稳压电源的设计方法和性能指标测试方法。

（3）培养实践技能，提高分析和解决实际问题的能力。

二、实验原理

小功率稳压电源由电源变压器、整流电路、滤波电路和稳压电路 4 个部分组成，如图 18-1 所示。

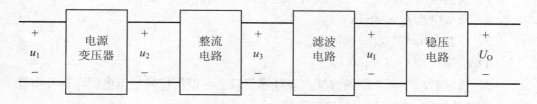

（a）稳压电源的组成框图

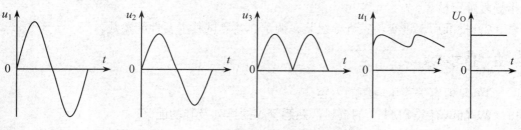

（b）整流与稳压过程

图 18-1　稳压电源的组成框图及整流与稳压过程

稳压电源的设计是根据稳压电源的输出电压 U_O、输出电流 I_O、输出纹波电压 ΔU_{OPP} 等性能指标要求，正确地确定输出变压器、集成稳压器、整流二极管和滤波电路中所用元器件的性能参数，从而合理地选择这些器件。

稳压电源的设计可以分为以下 3 个步骤：

（1）根据稳压电源的输出电压 U_O、最大输出电流 I_{Omax}，确定稳压器的型号及电路形式。

（2）根据稳压器的输入电压 U_I，确定电源变压器副边电压 u_2 的有效值 U_2；根据稳压电源的最大输出电流 I_{Omax}，确定流过电源变压器副边的电流 I_2 和电源变压器副边的功率 P_2；根据 P_2，查出变压器的效率 η，从而确定电源变压器原边的功率 P_1。然后根据所确定的参数，选择电源变压器。

（3）确定整流二极管的正向平均电流 I_D、整流二极管的最大反向电压 U_{RM} 和滤波电容的电容值和耐压值。根据所确定的参数，选择整流二极管和滤波电容。

三、实验设备与器件

（1）+12V 直流电源
（2）LM317 芯片
（3）双踪示波器
（4）交流毫伏表
（5）直流电压表

四、实验内容和步骤

设计一个输出电压连续可调的稳压电源，性能指标为：

（1）输出电压 U_O=（+3～+12V）；最大输出电流 I_{Omax} =100mA。
（2）负载电流 I_O = 80mA。
（3）纹波电压 $\Delta U_{OPP} \leqslant 5mV$。
（4）稳压系数 $S_v \leqslant 5 \times 10^{-3}$。
（5）按照教材中所介绍的方法，设计满足以上性能指标的稳压电源，计算出稳压电源中各元件的参数，画出实用原理电路图。
（6）自拟实验方法、步骤及数据表格，提出测试所需仪器及元器件的规格、数量，交指导教师审核。
（7）批准后，进实验室进行组装、调试，并测试其主要性能参数。

五、预习要求

（1）复习有关稳压电源的内容。
（2）翻阅有关 LM317 的资料，熟悉管脚的排列及其功能。
（3）制定出实验方案，选择实验用的仪器设备并自拟实验步骤进行实验操作。
（4）自行设计合适的测试数据表格，用于填写实验数据。

六、注意事项

（1）调试时要对各个功能模块电路进行单个测试，需要时可设计一些临时电路用于调试。
（2）测试电路时，必须保证焊接正确才能打开电源，以防元器件烧坏。
（3）注意 LM317 芯片的输入输出管脚和桥式整流电路中二极管的极性，不应反接。

七、思考题

在测量稳压系数 S 和内阻时，应怎样选择测试仪表？

八、实验报告要求

（1）设计目的。
（2）设计指标。
（3）总体设计框图，并说明每个模块所实现的功能。
（4）功能模块，可有多个方案，并进行方案论证与比较，要有详细的原理说明。
（5）总电路图设计，要有原理说明。
（6）准备实现仪器、工具。
（7）分析测量结果，并讨论提出改进意见。
（8）总结遇到的问题和解决办法、体会、意见、建议等。

附录 1   TKDZ-2 型网络型模电数电综合实验装置使用说明书

TKDZ-2 型电子学综合实验装置是根据我国目前"模拟电子技术"和"数字电子技术"实验教学大纲的要求，广泛吸取各高等院校及实验工作者的建议而设计的开放型实验台。其性能优良可靠、操作方便、外形整洁美观、便于管理，主要为用户提供一个既可作为教学实验、又可用于开发的工作台，可谓新一代的电子学实验装置。

本装置是由实验控制屏与实验桌组成一体。实验控制屏上主要由两块单面敷铜印刷线路板及相应电源、仪器仪表等组成；屏与桌均由铁质喷塑材料制成；实验桌右侧设有一块可以装卸的用来放置示波器的附加台面，从而创造出一个舒适、宽敞、良好的实验环境。若用户需要，也可在实验桌左侧设置一块同样的附加台面，这样一套装置就可以同时进行两组实验。

1.1   控制屏的操作与使用说明

本装置的控制屏是由两块（数电部分和模电部分）功能板组成，其控制屏两侧均装有交流 220V 的单相三芯电源插座。

1. 实验功能板

两块实验功能板上共同包含以下各部分内容：

（1）两块实验板上均装有一只电源总开关（开/关）及一只熔断器（1A）作短路保护用。

（2）两块实验板上各装有四路直流稳压电源（±5V、1A 及两路 0～18V、0.75A 可调的直流稳压电源）。开启直流电源处各分开关，±5V 输出指示灯亮，表示 ±5V 的插孔处有电压输出；而 0～18V 两组电源，若输出正常，其相应指示灯的亮度则随输出电压的升高而由暗渐趋明亮。这四路输出均具有短路软截止自动恢复保护功能，其中+5V 具有短路告警指示功能。两路 0～18V 直流稳压电源为连续可调的电源，若将两路 0～18V 电源串联，并令公共点接地，可获得 0～±18V 的可调电源；若串联后令一端接地，可获得 0～36V 可调的电源。用户可用控制屏上的数字直流电压表测试稳压电源的输出及其调节性能。

左边的数电实验板上标有"+5V"处，是指实验时必须用导线将直流电源+5V 引入该处，是+5V 电源的输入插口。

（3）两块实验主板上均设有可装、卸固定线路实验小板的蓝色固定插座 4 只。

2. 数电部分（左）

（1）高性能双列直插式圆脚集成电路插座 17 只（其中 40P 1 只、28P 1 只、24P 1 只、20P 1 只、16P 5 只、14P 6 只、8P 2 只），40P 锁紧插座 1 只。

（2）6 位十六进制七段译码器与 LED 数码显示器。

每一位译码器均采用可编程器件 GAL 设计而成，具有十六进制全译码功能。显示器采用 LED 共阴极红色数码管（与译码器在反面已连接好），可显示四位 BCD 码十六进制的全译码代号：0、1、2、3、4、5、6、7、8、9、A、B、C、D、E、F。

使用时，只要用锁紧线将+5V 电源接入电源插孔"+5V"处即可工作，在没有 BCD 码输入时六位译码器均显示"F"。

（3）4 位 BCD 码十进制拨码开关组。

每一位的显示窗指示出 0～9 中的一个十进制数字，在 A、B、C、D 四个输出插口处输出相对应的 BCD 码。每按动一次"+"或"−"键，将顺序地进行加 1 计数或减 1 计数。

若将某位拨码开关的输出口 A、B、C、D 连接在"2"的一位译码显示的输入端口 A、B、C、D 处，当接通+5V 电源时，数码管将点亮显示出与拨码开关所指示一致的数字。

（4）十六位逻辑电平输入。

在接通+5V 电源后，当输入口接高电平时，所对应的 LED 发光二极管点亮；输入口接低电平时，则熄灭。

（5）十六位开关电平输出。

提供 16 只小型单刀双掷开关及与之对应的开关电平输出插口，并有 LED 发光二极管予以显示。当开关向上拨（即拨向"高"）时，与之相对应的输出插口输出高电平，且其对应的 LED 发光二极管点亮；当开关向下拨（即拨向"低"）时，相对应的输出口为低电平，则其所对应的 LED 发光二极管熄灭。

使用时，只要开启+5V 稳压电源处的分开关，便能正常工作。

（6）脉冲信号源。

提供两路正、负单次脉冲源；频率 1Hz、1kHz、20kHz 附近连续可调的脉冲信号源；频率 0.5Hz～300kHz 连续可调的脉冲信号源。使用时，只要开启+5V 直流稳压电源开关，各个输出插口即可输出相应的脉冲信号。

1）两路单次脉冲源。

每按一次单次脉冲按键，在其输出口"⎍"和"⎍"分别送出一个正、负单次脉冲信号。4 个输出口均有 LED 发光二极管予以指示。

2）频率为 1Hz、1kHz、20kHz 附近连续可调的脉冲信号源。

输出四路 BCD 码的基频、二分频、四分频、八分频，基频输出频率分 1Hz、1kHz、20kHz 三挡粗调，每挡附近又可进行细调。

接通电源后，其输出口将输出连续的幅度为 3.5V 的方波脉冲信号。其输出频率由"频率范围"波段开关的位置（1Hz、1kHz、20kHz）决定，并通过"频率调节"多圈电位器对输出频率进行细调，并有 LED 发光二极管指示有否脉冲信号输出，当频率范围开关置于 1Hz 挡时，LED 发光指示灯应按 1Hz 左右的频率闪亮。

3）频率连续可调的脉冲信号源。

本脉冲源能在很宽的范围内（0.5Hz～300kHz）调节输出频率，可用作低频计数脉冲源；在中间一段较宽的频率范围则可用作连续可调的方波激励源。

（7）五功能逻辑笔。

这是一支新型的逻辑笔，它是用可编程逻辑器件 GAL 设计而成的，具有显示 5 种功能的特点。只要开启+5V 直流稳压电源开关，用锁紧线从"输入"口接出，锁紧线的另一端可视为逻辑笔的笔尖，当笔尖点在电路中的某个测试点，面板上的 4 个指示灯即可显示出该点的逻辑状态：高电平"HL"、低电平"LL"、中间电平"ML"或高阻态"HR"；若该点有脉冲信号输出，则 4 个指示灯将同时点亮。故该笔有五功能逻辑笔之称，亦可称为"智能型逻辑笔"。

（8）该实验板上还设有报警指示两路（LED 发光二极管指示与声响电路指示各一路）、按钮两只、一只 10kΩ 多圈精密电位器、两只碳膜电位器（100kΩ 与 1MΩ 各一只）、两只晶振（32768Hz 和 12MHz 各一只）、电容两只（0.1μF 与 0.01μF 各 1 只）及音乐片、扬声器、继电器等。

3．模电部分（右）

（1）高性能双列直插式圆脚集成电路插座 4 只（其中 40P 1 只、14P 1 只、8P 2 只）。

（2）板的反面都已装接着与正面丝印相对应的电子元器件，如三端集成稳压块（7805、7812、7912、317 各一只）、晶体三极管（9013 两只，3DG6 三只，9012、8050 各一只）、单向可控硅（2P4M 两只）、双向可控硅（BCR 一只）、单结晶体管（BT33 一只）、二极管（IN4007 四只）、稳压管（2CW54、2DW231 各一只）、功率电阻（120Ω/8W、240Ω/8W 各一只）、电容（220uF/25V、100uF/25V 各两只、470uF/35V 四只）、整流桥堆等元器件。

（3）装有 3 只多圈可调的精密电位器（1kΩ 两只、10kΩ 一只）、3 只碳膜电位器（100kΩ 两只、1MΩ 一只）、其他电器如继电器、扬声器（0.25W，8Ω）、12V 信号灯、LED 发光管、蜂鸣器、振荡线圈及复位按钮等。

（4）满刻度为 1mA、内阻为 100Ω 的镜面式直流毫安表一只，该表仅供"多用表的设计、改装"实验用，作为该实验的器件。

（5）直流数字电压表。

由三位半 A/D 变换器 ICL7135 和 4 个 LED 共阳极红色数码管等组成，量程分 200mV、2V、20V、200V 四挡，由按键开关切换量程。被测电压信号应并接在"+"和"−"两个插口处。使用时要注意选择合适的量程，本仪器有超量程指示，当输入信号超量程时，显示器的将显示"□□□□"。若显示为负值，表明输入信号极性接反了，改换接线或不改接线均可（注：末位代表单位，当为 N 时代表毫伏，当为 U 时代表伏）。

（6）直流数字毫安表。

结构特点均类同直流数字电压表，只是这里的测量对象是电流，即仪表的"+"、"−"两个输入端应串接在被测的电路中；量程分 2mA、20mA、200mA、2000mA 四挡，其余同上。

（7）直流信号源。

提供两路-5V～+5V 可调的直流信号。只要开启直流信号源处分开关（置于"开"），就有两路相应的-5V～+5V 直流可调信号输出。

注：因本直流信号源的电源是由该实验板上的±5V 直流稳压电源提供的，故在开启直流信号源处开关前，必须先开启±5V 直流稳压电源处的开关，否则就没有直流信号输出。

（8）函数信号发生器。

参见函数信号发生器说明书。

（9）六位数显频率计。

本频率计的测量范围为 1Hz～10MHz，有六位共阴极 LED 数码管予以显示，闸门时基1s，灵敏度 35mV（1kHz～500kHz）/100mV（500kHz～10MHz），测频精度为万分之二。

先开启电源开关，再开启频率计处分开关，频率计即进入待测状态。

将频率计处开关（内测/外测）置于"内测"，即可测量"函数信号发生器"本身的信号输出频率；将开关置于"外测"，则频率计显示由"输入"插口输入的被测信号的频率。

（10）由单独一只降压变压器为实验提供低压交流电源，在"A.C.50Hz 交流电源"的锁紧插座处输出 6V、10V、14V 及两路 17V 低压交流电源，为实验提供所需的交流低压电源。只要开启交流电源处总开关，即可输出相应的电压值，每路电源均设有短路保护功能。

为了接线方便，在模电实验板右侧设置了 4 处互相连接的地线插孔。在数电实验板上还设置了一处与+5V 直流稳压电源相连（在印刷线路板面）的电源输出插口。

1.2　使用注意事项

（1）使用前应先检查各电源是否正常。

（2）接线前务必熟悉两块实验大块板上各单元、元器件的功能及其接线位置，特别要熟知各集成块插脚引线的排列方式及接线位置。

（3）实验接线前必须先断开总电源，严禁带电接线。

（4）接线完毕，检查无误后，再插入相应的集成电路芯片后方可通电；只有在断电后方可拔下集成芯片，严禁带电插拔集成芯片。

（5）实验始终，板上要保持整洁，不可随意放置杂物，特别是导电的工具和导线等，以免发生短路等故障。

（6）本实验装置上的直流电源及各信号源设计时仅供实验使用，一般不外接其他负载或电路。如作他用，则要注意使用的负载不能超出本电源或信号源的范围。

（7）实验完毕，及时关闭电源开关，并及时清理实验板面，整理好连接导线并放置规定的位置。

（8）实验时需要用到外部交流供电的仪器，如示波器等，这些仪器的外壳应接地。

（9）实验中需要了解集成电路芯片的引脚功能及其排列方式时，可查阅数电实验指导书的附录部分。

附录 2 TKDDS-1 型全数字合成函数波形发生器

TKDDS-1 型全数字合成函数波形发生器前面板示意图，如附图 2-1 所示。

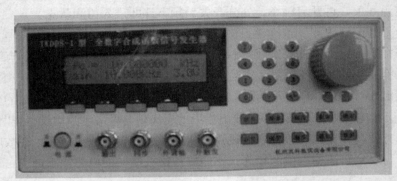

附图 2-1 TKDDS-1 型全数字合成函数波形发生器前面板示意图

　　TKDDS-1 型全数字合成函数波形发生器面板上有 10 个功能键、12 个数字键、2 个左右方向键以及一个手轮。

　　（1）开机。

　　检查仪器后面板上电源插口内保险丝安装无误后，接通电源线，按动前面板左下部的电源开关键，即可点亮液晶；按动任何键一次，则可进入频率设置菜单，整机开始工作。此时，如果函数发生器和示波器相连，正确设置示波器的衰减挡级和水平扫描时间，即可观测到一个正弦波形。

　　（2）设置。

　　常用的设置功能直接用一个按键即可完成，如"波形"、"频率"、"幅度"、"偏置比"、"占空比"。

　　基本的操作可分为两种：参数设置和状态设置。

　　诸如"频率"、"幅度"等操作为参数设置，"波形"等为状态设置。

　　参数的设置可直接通过手轮旋转来调节（只要屏幕上有闪烁，便表示可用手轮操作）。此时，屏幕上的参数的某一位在闪烁，表示以当前位的量级进行步进变化。使用左、右方向键可改变闪烁的数位，即改变步进调节的量级的大小，实现粗调或微调。手轮调节过程的同时仪器随之改变参数配置。手轮设置方式与传统的电位器旋钮相似。

　　另一种参数设置方式是通过数字键写入：按"确定"键，屏幕上原有的数字消失，按数字键输入数值，其间，所有新输入的数字不断闪烁，表示正处于输入状态，若发现输入数字有误，可用左向键删除最右边的数字。在键盘输入状态下，按"取消"键可退出输入状态，恢复原设置参数。当所有数字输入完成后，按"确定"键将仪器调整为新的参数状态，同时数字停止闪烁。

　　每个菜单的参数都有一个上、下限值，仪器会自动限位。当仪器处于"外触发"、"外调幅"等状态时,有些参数只能用键盘输入,这是因为内部软件进行相应的数学运算时速度较慢,跟不上手轮的快速变化。此时,屏幕上的数字没有任何数字位在闪烁。

状态的设置只能通过手轮来完成。此时,状态变量在闪烁,例如"波形"菜单中的"正弦"字样。通过手轮便能够循环调节。

下面逐一介绍各功能键的功能及其操作方法。

1)波形:按"波形"键进入波形选择菜单。

波形:	正弦波

按旋转手轮,则输出波形依次变为:正弦波、方波、三角波、升斜波、降斜波、噪声、SIN(X)/X、升指数、降指数。

2)频率:按"频率"键进入频率设置菜单。

频率=	1.0000000kHz

此时液晶屏上显示的频率值中有一位在闪烁,表示可通过手轮以当前位的量级进行步进调节。使用左、右方向键可改变闪烁的数位,即改变步进调节的量级的大小,实现粗调或微调。手轮调节过程的同时仪器随之改变参数配置。

若要一次性设置频率参数,可采用数字键输入方式。按"确定"键,屏幕上原有的显示值消失,进入键盘输入状态,可直接用数字键输入所需频率值。在输入过程中,所有新输入的数字不断闪烁,表示正处在键盘输入状态下。其间,若发现输入数字有误,可用左向键删除最右边的数字,若要退出当前输入键盘操作,可按"取消"键,屏幕重新显示原有参数值。在键盘输入过程中,仪器始终保持原有频率输出值,直到再按"确定"键,数字停止整体闪烁,才将仪器定为新的频率值。

要特别说明的是,仪器对于每种波形都允许在此范围设置,但除正弦波和方波,其他波形建议使用范围不要超过 100kHz,否则波形经滤波后将引入较大失真。

3)幅度。

按"幅度"键进入幅度设置菜单。

幅度=	100mV

由于 TKDDS-1 非恒压源,内部有 50Ω 输出电阻,同样的幅度设置下,实际的输出电压会随外界负载的不同而变化,故必须说明仪器的幅度设置参数所对应的负载条件。TKDDS-1 的负载条件是 50Ω 负载。

该菜单的操作与"频率"菜单相同。幅度的上限为 10Vpp,下限为 1mVpp,开机时为 100mVpp。

4)偏置比:按"偏置比"键进入直流偏置比设置菜单。

偏置比=	0%

　　直流偏置是在对称的双极性输出信号上叠加上一个直流电压，这样便可使信号相对于平衡零点上下移动。所谓偏置比，是指叠加的直流电压相对于信号峰值的比例，偏置比为100%时，信号刚好全部在零电位以上，偏置比为-100时，信号刚好全部在零电位以下。

　　该菜单的操作与"频率"菜单相同。

　　偏置比的上限为100%，下限为-100%。开机时为0%。

　　5）占空比：按"占空比"键进入占空比设置菜单。

占空比=	50%

　　本菜单只用于方波的占空系数的设置。占空系数值表示高电平时间占整个周期的百分比。

　　该菜单的操作与"频率"菜单相同。

　　占空比的上限为80%，下限为20%。开机时为50%。

　　上述几个菜单是 TKDDS-1 型全数字合成函数波形发生器最常用的功能，因此单独给出了直接操作按键。

　　6）调幅。

　　"外调幅"是由仪器前面板上的 BNC 插座输入外部信号来调幅仪器的载波信号。此时，仪器自动将信号幅度减小一半以留出调幅空间。

附录 3 DS5000 数字存储示波器

示波器是一种用途很广的电子测量仪器，它既能直接显示电信号的波形，又能对电信号进行各种参数的测量，是电工电子实验中不可少的电子仪器。

DS5000 系列示波器具有良好的易用性、优异的技术指标及其他众多功能特性。例如自动波形状态设置（AUTO）功能、波形设置存储和再现功能、精细的延迟扫描功能、自动测量 20 种波形参数、自动光标跟踪测量功能、独特的波形录制和回放功能、内嵌 FFT 功能、多重波形数学运算功能、边沿、视频和脉宽触发功能、多国语言菜单显示功能等。

3.1 DS5000 数字存储示波器前面板的介绍

DS5000 数字存储示波器向用户提供简单而功能明晰的前面板以进行基本的操作，如附图 3-1 所示。面板上包括旋钮和功能按键，旋钮的功能与其他示波器类似。显示屏右侧的一列 5 个灰色按键为菜单操作键（自上而下定义为 1 号至 5 号）。通过它们，可以设置当前菜单的不同选项。其他按键（包括彩色按键）为功能键，通过它们可以进入不同的功能菜单或直接获得特定的功能应用。

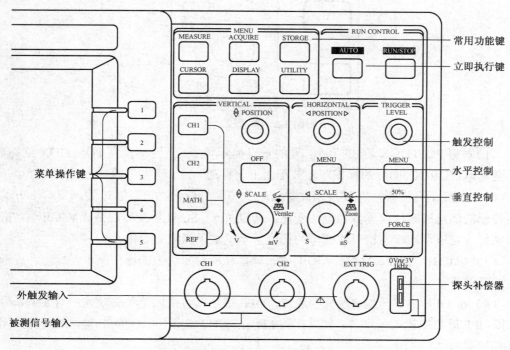

附图 3-1 DS5000 数字存储示波器面板操作说明图

3.2 DS5000 数字存储示波器前面板的常用操作及功能

1. 波形显示的自动设置

DS5000 系列数字存储示波器具有自动设置的功能。根据输入的信号，可自动调整电压倍率、时基以及触发方式至最好形态显示。应用自动设置要求被测信号的频率大于或等于 50Hz，占空比大于 1%。

基本操作方法：将被测信号连接到信号输入通道，然后按下 AUTO 按键。示波器将自动设置垂直、水平和触发控制。如果需要，可手工调整这些控制使波形显示达到最佳。

2. 垂直系统

如附图 3-2 所示，在垂直控制区（VERTICAL）有一系列的按键、旋钮。基本操作方法：

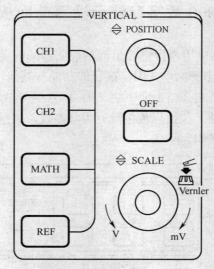

附图 3-2 垂直控制区

（1）垂直 POSITION 旋钮控制信号的垂直显示位置。当转动垂直 POSITION 旋钮时，指示通道地（GROUND）的标识跟随波形而上下移动。

（2）改变垂直设置，并观察因此导致的状态信息变化。可以通过波形窗口下方的状态栏显示的信息确定任何垂直挡位的变化。转动垂直 SCALE 旋钮改变"Volt/div 伏/格"垂直挡位，可以发现状态栏对应通道的挡位显示发生了相应的变化。

（3）按 CH1、CH2、MATH、REF 键，屏幕显示对应通道的操作菜单、标志、波形和挡位状态信息。

（4）按 OFF 键关闭当前选择的通道。OFF 键还具备关闭菜单的功能：当菜单未隐藏时，按 OFF 键可快速关闭菜单。如果在按 CH1 或 CH2 键后立即按 OFF 键，则同时关闭菜单和相应通道。

（5）Coarse/Fine（粗调/细调）快捷键：切换粗调/细调不但可以通过此菜单操作，更可以通过按下垂直 SCALE 旋钮作为设置输入通道的粗调/细调状态的快捷键。

3. 水平系统

如附图 3-3 所示,在水平控制区(HORIZONTAL)有一个按键、两个旋钮。

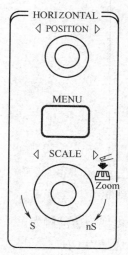

附图 3-3　水平控制区

基本操作方法:

(1)转动水平 SCALE 旋钮改变"S/div(秒/格)"水平挡位,可以发现状态栏对应通道的挡位显示发生了相应的变化。水平扫描速度从 1ns*至 50s,以 1-2-5 的形式步进,在延迟扫描状态可达到 10ps/div *。

Delayed(延迟扫描)快捷键水平 SCALE 旋钮不但可以通过转动调整"S/div(伏/格)",更可以按下实现切换。

(2)使用水平 POSITION 旋钮调整信号在波形窗口的水平位置。水平 POSITION 旋钮控制信号的触发位移或其他特殊用途。当应用于触发位移时,转动水平 POSITION 旋钮时,可以观察到波形随旋钮而水平移动。

(3)按 MENU 按键,显示 TIME 菜单。在此菜单下,可以开启/关闭延迟扫描或切换 Y－T、X－Y 显示模式。此外,还可以设置水平 POSITION 旋钮的触发位移或触发释抑模式。

4. 触发系统。

如附图 3-4 所示,在触发控制区(TRIGGER)有一个旋钮、3 个按键。基本操作方法:

(1)使用 LEVEL 旋钮改变触发电平设置。转动 LEVEL 旋钮,可以发现屏幕上出现一条橘红色或黑色的触发线以及触发标志随旋钮转动而上下移动。停止转动旋钮,此触发线和触发标志会在约 5 秒后消失。在移动触发线的同时,可以观察到在屏幕上触发电平的数值或百分比显示发生了变化(在触发耦合为交流或低频抑制时,触发电平以百分比显示)。

(2)使用 MENU 调出触发操作菜单,如附图 3-5 所示。改变触发的设置,观察由此造成的状态变化。

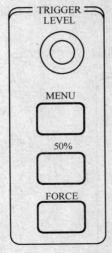

附图 3-4　触发控制区

附图 3-5　触发操作菜单

按 1 号菜单操作键，选择触发类型为边沿触发。

按 2 号菜单操作键，选择信源选择为 CH1。

按 3 号菜单操作键，设置边沿类型为 ⌐。

按 4 号菜单操作键，设置触发方式为自动。

按 5 号菜单操作键，设置耦合为直流。

注：改变前 3 项的设置会导致屏幕右上角状态栏的变化。

（3）按 50%按键，设定触发电平在触发信号幅值的垂直中点。

（4）按 FORCE 按键，强制产生一触发信号，主要应用于触发方式中的"普通"和"单次"模式。

这里只介绍了 DS5000 数字存储示波器的初级功能和使用方法，还有很多高级功能及性能指标，可参阅相关使用说明书。

参考文献

[1] 杨素行. 模拟电子技术基础简明教程. 第三版. 北京：高等教育出版社，2006.

[2] 邱关源. 电路. 第五版. 北京：高等教育出版社，2007.

[3] 康华光. 电子技术基础. 北京：高等教育出版社，2005.

[4] 蔡灏. 电工与电子技术实验指导书. 北京：中国电力出版社，2005.

[5] 张海南. 电工技术与电子技术实验指导书. 西安：西北工业大学出版社，2007.

[6] 刘红，魏秉国. 电工电子技术实验指导. 郑州：河南教育出版社，2007.

[7] 李铃远，刘时进，李忠明，田原. 电子技术基础教程（实验部分）. 湖北：湖北科学技术出版社，2000.

[8] 谢自美. 电子线路设计、实验、测试. 武汉：华中理工大学出版社，1994.

[9] 朱耀国. 模拟电子线路实验. 北京：高等教育出版社，1996.

[10] 陆延璋，宋万年，马建江. 模拟电子线路实验. 上海：复旦大学出版社，1990.

[11] 陆坤等. 电子设计技术. 成都：（电子）科技大学出版社，1997.

[12] 彭介华，蔡明生. 电子技术课程设计指导. 北京：高等教育出版社，1997.

[13] 陈大钦. 电子技术基础实验. 北京：高等教育出版社，1994.

[14] 赫鸿安. 新式音调控制器. 电子科学技术. 1987 年第 8 期.

[15] 何小艇. 电子系统设计（第三版）. 浙江大学出版社，2004.

[16] 杭州天科教仪设备有限公司设备资料.